高等学校规划教材

化工原理实验

郑育英　主编　　李珩德　副主编

化学工业出版社

·北京·

《化工原理实验》共6章，内容包括绪论、实验数据的测量及误差分析、实验数据的处理与实验流程、化工原理实验、演示实验、仿真实验。本书以处理工程问题的研究方法为导向，注重理论联系实际，并强调工程能力、创新能力的培养。

《化工原理实验》可作为高等院校化学工程与工艺专业及其他相关专业化工原理实验课的教材或参考书，也可供在化工、石油、环境、食品、制药、材料、生物等领域从事科研和生产的技术人员参考。

图书在版编目（CIP）数据

化工原理实验/郑育英主编. —北京：化学工业出版社，2019.7（2023.2重印）

高等学校规划教材

ISBN 978-7-122-34269-0

Ⅰ.①化… Ⅱ.①郑… Ⅲ.①化工原理-实验-高等学校-教材 Ⅳ.①TQ02-33

中国版本图书馆CIP数据核字（2019）第062845号

责任编辑：任睿婷 杜进祥　　装帧设计：关 飞

责任校对：宋 玮

出版发行：化学工业出版社（北京市东城区青年湖南街13号 邮政编码100011）

印　　装：北京虎彩文化传播有限公司

787mm×1092mm 1/16 印张6 字数139千字 2023年2月北京第1版第4次印刷

购书咨询：010-64518888　　售后服务：010-64518899

网　　址：http://www.cip.com.cn

凡购买本书，如有缺损质量问题，本社销售中心负责调换。

定　　价：22.00元

前 言

化工原理实验是一门以化工单元操作过程原理和设备为主要内容，以处理工程问题的实验研究方法为特色的实践性课程。也是化工原理教学中的一个重要组成部分。化工原理实验在帮助学生加深和巩固在化工原理课程中学到的基本原理，提高学生的工程技术能力，让学生切身体验化工原理的工程实践性，培养学生分析和解决复杂工程问题的能力，提高学生从事科学研究、开发应用和创新能力等方面均起着举足轻重的作用。

本书在内容选取上注重理论联系实际，以化工单元操作实验研究中常用的基础实验技术为主要内容，结合工程实际编写而成。全书包括绪论、实验数据的测量及误差分析、实验数据的处理与实验流程、化工原理实验、演示实验、仿真实验等。

本书由郑育英主编和统稿，李珩德副主编，参加教材编写的同志还有陈超、董飞飞、朱东雨、秦延林、刘明月、周立清、吴昭俏等。具体分工如下：绪论、第一章和第二章由郑育英编写；第三章实验一由陈超编写、实验二由董飞飞编写、实验三由朱东雨编写、实验四由秦延林编写、实验五由郑育英编写、实验六由李珩德编写、实验七和实验八由郑育英编写；第四章由刘明月编写；第五章和附录由周立清、吴昭俏编写。

鉴于作者水平有限，书中难免存在不妥之处，诚心希望读者不吝赐教，促使本教材日臻完善。

编者

2019 年 3 月

目录

第三章　化工原理实验　/ 16

第四章　演示实验　/ 52

第五章　仿真实验　/ 61

附录　常用数据　/ 80

参考文献　/ 87

绪　论

一、化工原理实验的目的

化工原理是紧密联系化工生产实际，实践性很强的一门基础技术课程。化工原理实验则是学习、掌握和运用这门课程必不可少的重要环节，它与理论教学、习题课和课程设计等教学环节构成一个有机的整体。化工原理实验与一般化学实验的不同之处在于其具有明显的工程特点，有些实验具有工程或中间试验规模，所得到的结论对于化工单元操作设备的设计具有重要的指导意义。因此，通过实验，应达到如下目的：

① 验证化工单元过程的基本理论，并在运用理论分析实验的过程中，使理论知识得到进一步的理解和巩固。

② 熟悉实验装置的流程、结构，以及化工中常用仪表的使用方法。

③ 掌握化工原理实验的方法和技巧，例如，实验装置的流程、操作条件的确定、测控元件及仪表的选择、过程控制和准确数据的获得，以及实验操作分析、故障处理等。

④ 增强工程观点，培养科学实验能力，如培养学生进行实验设计，组织实验，并从中获得可靠的结论，提高化学工程设计的初步能力。

⑤ 提高计算与分析问题的能力，运用计算机及软件处理实验数据，以数学或图表方式科学地表达实验结果，并进行必要的分析讨论，编写完整的实验报告。

二、化工原理实验的基本要求

学生必须经历以下步骤：预习-仿真实验-写预习报告-实验操作-数据处理-写实验报告。

1. 实验前的准备

实验开始前首先要考虑如下的问题：为完成实验所提出的任务，采用什么装置，选用什么物系，流程应怎样安排，需要读取哪些数据，应该如何布点等。如果实验装置已经被规定，实验开始前，要弄清装置的原理和构造、熟悉流程、了解启动和使用方法（注意：未经指导教师许可，不要擅自开动）。也要做好记录数据的表格，并预期可能出现的故障及其解决办法。

2. 计算机模拟仿真

为了提高学生的素质能力，提高实验教学质量，化工原理实验采用仿真实验和上机实验操作相结合的教学方法。仿真实验是让学生在计算机上做模拟实验，通过模拟实验，熟悉实验装置的组成、性能、实验操作步骤和注意事项，思考并回答有关问题，也强化了对基础理论的理解。仿真实验要求学生正确使用设备，仔细观察现象，了解实验过程的细节（如实验操作步骤、实验点的布置）和实验结果，为进行实验操作奠定一定的基础。

3. 实验时读取数据应注意的问题

① 凡是影响实验结果或者数据整理过程中所必须的数据都必须测取。它包括大气条件，设备有关尺寸，物料性质及操作数据等。

② 不是所有的数据都要直接测取。凡可以根据某一数据导出或从手册中查取的数据，就不必直接测定。例如：水的黏度、密度等物理性质，一般只要测出水温，即可查出，不必直接测定。

③ 实验时一定要在现象稳定后再读数据。条件改变后，要稍等一会，待达到稳定后方可读数。

④ 同一条件下，至少要读取两次数据（研究不稳定过程除外）。在两次数据相近时，方可改变操作条件。每个数据在记录后都必须复核，以防读错或记错。

⑤ 根据仪表的精度，正确地读取有效数字。必须记录直接读取的数据，而不是通过换算或演算以后的数据。读取的数据必须真实，即使已经发现它是不合理的数据，也要如实地记录下来，待讨论实验结果时进行分析讨论。

4. 实验过程中应做的工作

① 实验操作人员必须密切注意仪表指示值的变动，随时调节，使得整个操作过程都在规定条件下进行，尽量减少实验操作条件和规定操作条件之间的差距。操作人员不要擅自离开岗位。

② 读取数据后，应立即与前次数据比较，也要和其他有关数据进行对照，分析相互关系是否合理。如果发现不合理的情况，应该立即同小组同学分析原因，判断是自己认识错误还是测定的数据有问题，以便及时发现问题，解决问题。

③ 实验过程中还应注意观察现象，特别是发现某些不正常现象时应抓紧时机，研究产生不正常现象的原因。

④ 由于化工原理实验是集体实验，实验中要精心组织，团结协作，要有责任感和合作精神。

三、撰写实验报告

实验报告是实验工作的总结，撰写实验报告是对学生综合能力的训练。因此，学生应独立地完成实验报告。

实验报告要求文字简明、说理充分、条理清晰、计算正确、图表规范，而且应进行分析讨论。报告应包括的内容有：①实验题目；②报告人及其合作者的姓名；③实验任务；④实验原理；⑤实验流程设计；⑥简要的实验操作步骤；⑦原始记录数据；⑧实验数据处理（列出其中一组数据的计算示例），从资料查获的数据要注明来源；⑨整理后的实验数据列表；⑩实验结果，用图表或关系式表示；⑪结果分析与讨论；⑫实验总结等。

四、实验室规则

① 准时进入实验室，不得迟到，不得无故缺课。

② 遵守纪律，严肃认真地进行实验，室内不准吸烟，不准大声谈笑歌唱，不得穿拖鞋进入实验室，不要进行与实验无关的活动。

③ 在没有搞清楚仪器设备的使用方法前，不得启动仪器。在实验时要得到教师许可后方可开始操作，与实验无关的仪器设备，不得乱摸乱动。

④ 爱护仪器设备，节约水、电、气及药品，开闭阀门时不要用力过大，以免损坏阀门。仪器设备如有损坏，应立即报告指导教师，并于下课前填写破损报告单，由指导教师审核上报处理。

⑤ 保持实验室及设备的整洁，实验完毕后将仪器设备恢复原状并做好现场清理工作，衣服应放在固定地点，不得挂在设备上。

⑥ 注意安全及防火，开动电机前，应观察电动机及其运动部件附近是否有人在工作，合电闸时，应慎防触电，并注意电机有无异常声音。精馏塔附近不准使用明火。

第一章 实验数据的测量及误差分析

科学研究是以实验工作为基础的，在实验中需测定大量的实验数据，并对其进行分析、计算，再整理成图表、公式或经验模型。为保证实验结果的可靠性与精确性，需要正确地测取、处理和分析这些数据，同时应了解、掌握实验过程中误差产生的原因和规律，并用科学的实验方法，尽可能地减小误差。

第一节　实验数据的测量

一、有效数据的读取

1. 实验数据的分类

在化工实验过程中，经常会遇到以下两类数字。

(1) 无量纲数据

这一类数据没有量纲，例如：圆周率（π）、自然对数（e），以及一些经验公式的常数值、指数值。对于这一类数据的有效数字，其位数在选取时可多可少，通常依据实际需要而定。

(2) 有量纲数据

用来表示测量的结果。实验过程中测量的数据大多是这一类，例如：温度（T）、压力（p）和流量（Q）等。这一类数据的特点是除了具有特定的单位外，其最后一位数字通常是由测量仪器的精度决定的估计数字。就这类数据测量的难易程度和采用的测量方法而言，一般可利用直接测量和间接测量两种方法进行测量。

2. 直接测量时有效数字的读取

直接测量是实现物理量测量的基础，在实验过程中应用十分广泛，例如：用温度计测量温度、用压差计测量压力（压差）和用秒表测量时间等。直接测量值的有效数字的位数取决于测量仪器的精度。测量时，一般有效数据的位数可保留到测量仪器最小刻度的后一位，这最后一位即为估计数字。例如（见图 1-1）使用精度为 0.1cm 的刻度尺测量长度时，其数据可记为 22.23cm，其有效数字为 4 位，最后一位为估计数字，其大小随实验者的读取习惯不同而略有差异。

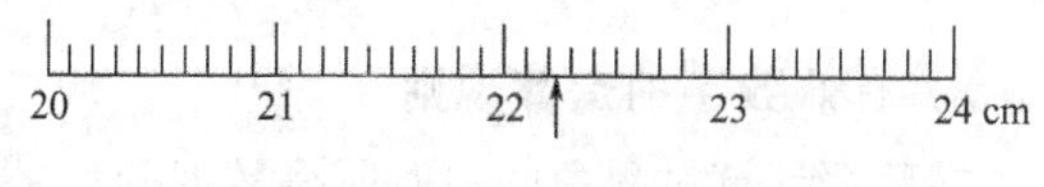

图 1-1　刻度尺示数的读取

若测量仪器的最小刻度不以 1×10^n 为单位，则估计数字为测量仪器的最小刻度位即可。

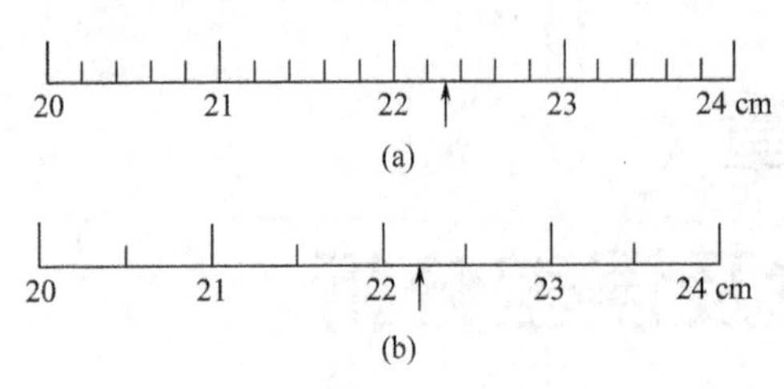

图 1-2 最小刻度不同的刻度尺示数的读取

如图 1-2 所示，其数据可记为：图 1-2(a) 22.3cm，有效数字为 3 位；图 1-2(b) 22.2cm，有效数字为 3 位。

3. 间接测量时有效数字的选取

实验过程中，有些物理量难以直接测量，可选用间接测量法，例如：测量水箱内流体的质量，可通过测量水箱内水的体积计算得到；测量管内流体的流速，可通过测量流体的体积流量及圆管的直径计算得到。通过间接测量得到数据的的有效数字的位数与其相关的直接测量的数据的有效数字位数有关，其取舍方法服从有效数字的计算规则。

二、有效数字的计算规则

1. "0"在有效数字中的作用

测量的精度是通过有效数字的位数表示的，有效数字的位数应是除定位用的"0"以外的其余数位，用来指示小数点位数或定位的"0"不是有效数字。

对于"0"，必须注意，50g 不一定是 50.00g，它们的有效数字位数不同，前者为 2 位，后者为 4 位，而 0.050g 虽然为 4 位数字，但有效数字仅为 2 位。

在科学研究与工程计算中，为了清楚地表示出数据的精度与准确度，可采用科学计数法。其方法为：先将有效数字写出，在第一个有效数字后面加上小数点，并用 10 的整数幂表示数值的数量级。例如：981000 的有效数字为 4 位，可以写成 9.810×10^5，若其只有 3 位有效数字可以写成 9.81×10^5。

2. 有效数字的舍入规则

在数字计算过程中，确定有效数字位数，舍去其余数位的方法通常是对末位有效数字后边的第一位数字采用四舍五入的计算规则。若在一些精度要求较高的场合，则采用如下方法：

① 末位有效数字后的第一位数字若小于 5，则舍去。

② 末位有效数字后的第一位数字若大于 5，则将末位有效数字加上 1。

③ 末位有效数字后的第一位数字若等于 5，则由末位有效数字的奇偶而定，当其为偶数或 0 时，末位有效数字不变；当其为奇数时，则末位有效数字加上 1（变为偶数或 0）。如对下面几个数保留 3 位有效数字，则

$$25.44\rightarrow25.4\qquad 25.45\rightarrow25.4$$

$$25.47\rightarrow25.5\qquad 25.55\rightarrow25.6$$

3. 有效数字的运算规则

在数据计算过程中，一般所得数据的位数很多，已超过有效数字的位数，这样就需将多余的位数舍去，其运算规则如下。

① 在加减运算中，各数所保留的小数点后的位数，与各数中小数点后的位数最少的相一致。例如：将 13.65、0.0082、1.632 三个数相加，应写为

$$13.65+0.01+1.63=15.29$$

② 在乘除运算中，各数所保留的位数，以原来各数中有效数字位数最少的数为准，所得结果的有效数字位数，应与原来各数中有效数字位数最少的数相同。例如：将 0.0121、25.64、1.05782 三个数相乘，应写为

$$0.0121\times25.6\times1.06=0.328$$

③ 在对数计算中，所取对数位数与真数有效数字位数相同。

$$\lg55.0=1.74$$

$$\ln55.0=4.01$$

第二节 实验数据的测量值及其误差

在实验测量过程中，由于测量仪器的精密程度、测量方法的可靠性，以及测量环境、人员等多方面的因素，使测量值与真值之间不可避免地存在着一些差异，这种差异称为误差，误差普遍存在于测量过程中。通过本节的学习，可了解误差存在的原因及减小实验误差的方法。

一、真值

真值又称理论值或定义值，是指某物理量客观存在的实际值。由于误差的存在，通常真值是无法测量的。在实验误差分析过程中，我们常通过如下方法来选取真值。

1. 理论真值

理论真值是可以通过理论证实得到的值。例如：平面三角形的内角和为 180°；某一量与其自身之差为 0，与其自身之比为 1；以及一些理论设计值和理论公式表达值等。

2. 相对真值

在某些过程中（如化工过程），常使用高精度标准仪器的测量值代替普通测量仪器的测量值的真值，称为相对真值。例如：用高精度铂电阻温度计测量的温度值相对于普通温度计测量的温度值而言是真值，用标准气柜测量得到的流量值相对于转子流量计及孔板流量计测量的流量值而言是真值。

3. 近似真值

若在实验过程中，测量的次数无限多，根据误差分布规律可知，正负误差出现的概率相等，故将各个测量值相加，并加以平均，在无系统误差的情况下，可能获得近似于真值的数值。所以近似真值是指观测次数无限多时，求得的平均值。

然而，由于观测的次数有限，因此用有限的观测次数求出的平均值，只能近似于真值，并称此最佳值为平均值。

二、误差的表示方法

1. 绝对误差

某物理量经测量后，测量值（x）与该物理量真值（μ）之间的差异，称为绝对误差，记为 δ，简称误差。

绝对误差＝测量值－真值

即

$$\delta=x-\mu \tag{1-1}$$

在工程计算中，真值常用算术平均值（$\overline{x}$）或相对真值代替，则式(1-1) 可写为

$$绝对误差=测量值-相对真值=测量值-算术平均值$$

即

$$\delta=x-\overline{x} \tag{1-2}$$

2. 相对误差

绝对误差与真值的比值，称为相对误差，即

$$相对误差=\frac{绝对误差}{测量值-绝对误差}$$

相对误差可以清楚地反映出测量的准确程度，如式(1-3) 所示。

$$相对误差=\frac{绝对误差}{测量值-绝对误差}=\frac{1}{测量值/绝对误差-1} \tag{1-3}$$

当绝对误差很小时，测量值/绝对误差≫1，则有

$$相对误差=\frac{绝对误差}{测量值} \tag{1-4}$$

绝对误差是一个有量纲的值，相对误差是无量纲的真分数。通常，除了某些理论分析外，用测量值计算相对误差较为适宜。

3. 引用误差

为了计算和划分仪器精度等级，规定取该量程中的最大刻度值（满刻度值）作为分母，示值误差作为分子来表示引用误差。

$$引用误差=\frac{示值误差}{最大刻度值} \tag{1-5}$$

式中，示值误差为仪表某指示值与其真值（或相对真值）之差。

仪表精度等级（S）（最大引用误差）为

$$S=\frac{最大示值误差}{最大刻度值} \tag{1-6}$$

测量仪表的精度等级是国家统一规定的，按引用误差的大小分成几个等级，将引用误差的百分数去掉，剩下的数值就称为测量仪表的精度等级。例如：某台压力计最大引用误差为1.5%，则其精度等级为1.5级，可用1.5表示，通常简称为1.5级仪表。电工仪表的精度等级分别为0.1，0.2，0.5，1.0，1.5，2.5，5.0七个等级。

三、误差的分类

根据误差产生的原因及其性质，可将误差分为系统误差、偶然误差和过失误差三类。

1. 系统误差

系统误差是指在一定条件下，对同一物理量进行多次测量时，误差的数值保持恒定，或按照某种已知函数规律变化。在误差理论中，系统误差表明一个测量结果偏离真值或实际值的程度。系统误差的大小可用正确度来表征，系统误差越小，正确度越高；系统误差越大，正确度越低。

系统误差产生的原因通常有以下几点。

① 测量仪器：仪器的精度不能满足要求或仪器存在零点偏差等。

② 测量方法：以近似的测量方法测量或利用简化的计算公式进行计算。

③ 环境及人为因素：指温度、湿度和压力等外界因素以及测量人员的习惯对测量过程引起的误差。

系统误差是误差的重要组成部分，在测量时，应尽力消除其影响，对于难以消除的系统误差，应设法确定或估计其大小，以提高测量的正确度。

2. 偶然误差

偶然误差（随机误差）是一种随机变量，因而在一定条件下服从统计规律。它的产生取决于测量中一系列随机性因素的影响。为了使测量结果仅反映随机误差的影响，测量过程中应尽可能保持各影响因素以及测量仪表、方法和人员不变，即保持等精密度测量的条件。随机误差表现了测量结果的分散性。在误差理论中，常用精密度一词表征随机误差的大小。随机误差越小，精密度越高。

3. 过失误差

过失误差（粗差）是测量过程中明显歪曲测量结果的误差，如测错（测量时对错标记等）、读错（如将 6 读成 8）、记错等都会带来过失误差。它产生的原因主要是粗枝大叶、过度疲劳或操作不正确。含有过失误差的测量值被称为坏值，正确的实验结果不应该含有过失误差，即所有的坏值都要剔除。

四、准确度、精密度和正确度

(1) 准确度（又称精确度）。用来反映系统误差和随机误差综合大小的程度。

(2) 精密度。用来反映偶然误差大小的程度。

(3) 正确度。用来反映系统误差大小的程度。

对于实验来说，精密度高的正确度不一定高，同样正确度高的精密度也不一定高，但准确度高则精密度和正确度都高。准确度、精密度和正确度关系如图 1-3 所示，图 1-3(a) 为系统误差与随机误差都小，即准确度高。图 1-3(b) 为系统误差大，而随机误差小，即正确度低而精密度高。图 1-3(c) 为系统误差小［与图 1-3(b) 相比］，而随机误差大，即正确度高而精密度低。

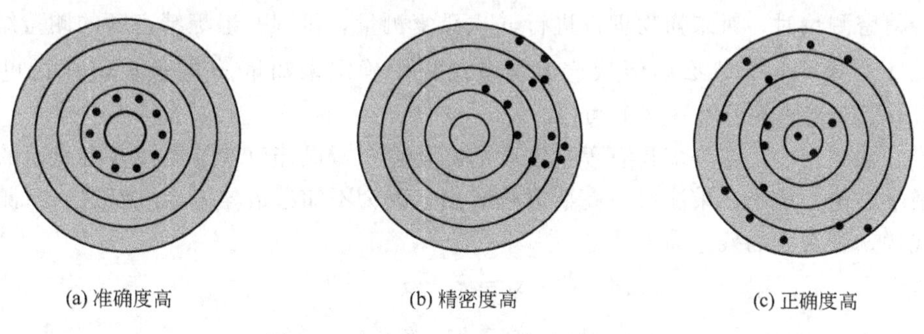

(a) 准确度高　　(b) 精密度高　　(c) 正确度高

图 1-3　准确度、精密度和正确度关系

第三节　最可信赖值的求取

一、常用的平均值

1. 算术平均值

算术平均值是一种最常用的平均值，若测量值的分布为正态分布，用最小二乘法原理可证明，在一组等精密度测量中，算术平均值为最可信赖值。

设测量值为 x_1，x_2，…，x_n，n 表示测量次数，则算术平均值 $\overline{x}$ 为

$$\overline{x}=\frac{x_1+x_2+\cdots+x_n}{n}=\frac{1}{n}\sum_{i=1}^{n}x_i \tag{1-7}$$

2. 均方根平均值

均方根平均值 $\overline{x}_{\mathrm{m}}$ 为

$$\overline{x}_{\mathrm{m}}=\sqrt{\frac{x_1^2+x_2^2+\cdots+x_n^2}{n}}=\sqrt{\frac{1}{n}\sum_{i=1}^{n}x_i^2} \tag{1-8}$$

3. 几何平均值

几何平均值 $\overline{x}_{\mathrm{g}}$ 为

$$\overline{x}_{\mathrm{g}}=\sqrt[n]{x_1x_2\cdots x_n}=\sqrt[n]{\prod_{i=1}^{n}x_i} \tag{1-9}$$

以对数形式表示为

$$\lg\overline{x}_{\mathrm{g}}=\frac{1}{n}\sum_{i=1}^{n}\lg x_i \tag{1-10}$$

4. 对数平均值

对数平均值常用于化工领域中热量与能量传递平均推动力的计算，其定义为

$$x_{\mathrm{m}}=\frac{x_1-x_2}{\ln x_1/x_2} \tag{1-11}$$

若 x_1、x_2 相差不大，$1<x_1/x_2<2$ 时，可用算术平均值代替对数平均值，引起的误差在 4%以内。

二、最小二乘法原理与算术平均值的意义

进行精密测量时，对未知物理量进行 n 次重复测量，得到一组等精密度的测量结果 x_1，x_2，…，x_i，…，x_n，那么如何从这组测量结果中确定未知量 x 的最佳值或最可信赖值呢？应用最小二乘法就可解答这个问题。

最小二乘法指出：在许多具有等精密度的测量值中，最佳值就是能使各测量值的误差的平方和最小的值。最小二乘法可由高斯方程导出，因为不知道最佳值，故以这一组测量值的最佳值代替。则对应的残差为

$$\Delta_1=x_1-a$$
$$\Delta_2=x_2-a$$
$$\cdots$$
$$\Delta_n=x_n-a$$

依据高斯定律，具有误差为 Δ_1，Δ_2，…，Δ_n 的观测值出现的概率分别为

$$P_1=\frac{1}{\sigma\sqrt{2\pi}}\times\mathrm{e}^{-(x_1-a)^2/2\sigma^2}$$

$$P_2=\frac{1}{\sigma\sqrt{2\pi}}\times\mathrm{e}^{-(x_2-a)^2/2\sigma^2}$$

$$\cdots$$

$$P_n=\frac{1}{\sigma\sqrt{2\pi}}\times e^{-(x_n-a)^2/2\sigma^2}$$

因各次测量是独立的事件，所以误差 Δ_1，Δ_2，…，Δ_n 同时出现的概率为各个概率的乘积，即

$$P=P_1P_2\cdots P_n=\left(\frac{1}{\sigma\sqrt{2\pi}}\right)^n\times e^{-\frac{1}{2\sigma^2}[(x_1-a)^2+(x_2-a)^2+\cdots+(x_n-a)^2]}$$

由于最佳值 a 是概率 P 最大时所求出的那个值，从指数关系可知，当 P 最大时，$(x_1-a)^2+(x_2-a)^2+\cdots+(x_n-a)^2$ 应为最小，即在一组测量中各误差的平方和最小。令

$$Q=(x_1-a)^2+(x_2-a)^2+\cdots+(x_n-a)^2$$

Q 最小的条件为

$$\frac{dQ}{da}=0 \qquad \frac{d^2Q}{da^2}>0$$

对上式进行微分，并取为零，则得

$$-2(x_1-a)-2(x_2-a)-\cdots-2(x_n-a)=0$$

$$na=x_1+x_2+\cdots+x_n$$

即

$$a=\frac{1}{n}\sum_{n=1}^{n}x_i \tag{1-12}$$

由此得出以下两点结论：

① 在同一条件下（等精密度），对一物理量进行 n 次独立测量的最佳值就是 n 个测量值的算术平均值。

② 各观测值与算术平均值的偏差的平方和为最小。

第二章

实验数据的处理与实验流程

第一节 实验数据的整理方法

第一章主要讨论实验数据的测量及有效值的选取问题，对实验而言，其最终目的是通过这些数据寻求其中的内在关系，并将其归纳成为图表或者经验公式，用以验证理论、指导实践与生产。因此，需要将这些数据以最适宜的方式表示出来。目前，常选用的方法有列表法、图示法和方程表示法三种。

一、 列表法

将实验直接测定的数据，或根据测量值计算得到的数据，按照自变量和因变量的关系以一定的顺序列成表格，即为列表法。在拟定记录表格时应注意以下问题。

① 单位应在名称栏中详细标明，不要和数据写在一起。

② 同一列的数据必须真实反映仪表的精度，即数字写法应注意有效数字的位数，每行之间的小数点对齐。

③ 对于数量级很大或很小的数，在名称栏中应乘以适当的倍数。例如：$Re=25300$，用科学计数法表示为 $Re=2.53\times10^{4}$，列表时，项目名称写为 $Re\times10^{-4}$，数据表中数字则写为 2.53，这种情况在化工数据表中经常遇到。在这样表示的同时，还要注意有效数字位数的保留，不要轻易放弃有效数位。

④ 整理数据时应尽可能将计算过程中始终不变的物理量归纳为常数，避免重复计算，如在离心泵特定曲线的测定实验中，泵的转速为恒定值，可直接记为 $n=2900\text{r/min}$。

⑤ 在实验数据归纳表中，应详细地列明实验过程记录的原始数据及通过实验过程求得的实验结果，同时，还应列出实验数据计算过程中较为重要的中间数据。如在传热实验中，空气的流量就是计算过程的一个重要数据，应将其列入数据表中。

⑥ 在实验数据表格的后面，要附以数据计算示例，从数据表中任选一组数据，举例说明所用的计算公式与计算方法，表明各参数之间的关系，以便阅读或进行校核。

传热实验数据见表 2-1，在表中分别列出了实验过程的原始数据、计算过程的中间数据和实验结果。在化工实验过程中，列表法的应用十分广泛，常用于记录原始数据及汇总实验结果，为进一步绘图、使用回归公式及建立模型提供方便。

表 2-1　传热实验数据

序号	进口温度 T_1/℃	出口温度 T_2/℃	壁温		流量 V /(m^3/h)	流速 u /(m/s)	α /[W/(m^2·K)]	Re	Pr	Nu	$\frac{Nu}{Pr^{0.4}}$
			t_1/℃	t_2/℃							
1											
2											
3											
…											
10											

二、 图示法

列表法一般难以直接观察到数据间的规律，故常需将实验结果用图形表示。使用图示法更加简明直观，便于比较，易于显示结果的规律性或趋向。作图过程中应遵循一些基本准则，否则不但得不到预期的结果，还会得出错误的结论。以下是一些化工原理实验中正确作图的基本准则。

1. 图纸的选择

在绘图过程中，常用的图纸有直角坐标纸、单对数坐标纸和双对数坐标纸等。要根据变量间的函数关系，选定一种坐标纸。坐标纸的选择方法如下。

① 对于符合方程 $y=ax+b$ 的数据，直接在直角坐标纸上绘图即可，可画出一条直线。

② 对于符合方程 $y=k^{ax}$ 的数据，经两边取对数可变为

$$\lg y=ax+\lg k$$

在单对数坐标纸上绘图，可画出一条直线。

③ 对于符合方程 $y=ax^m$ 的数据，对两边取对数可变为

$$\lg y=\lg a+m\lg x$$

在双对数坐标纸上，可画出一条直线。

④ 当变量多于两个时，如 $y=f(x, z)$，在作图时，先固定一个变量，可以先固定 z 值求出（$y \sim x$）关系，这样可得每个 z 值下的一组图线。例如，在做填料吸收塔的流体力学特性测定时，就是采用此标绘方法，即相应于各喷淋量 L，在双对数坐标纸上标出空塔气速 u 和单位填料层压降 $\Delta p/Z$ 的关系图线。

2. 坐标分度的选择

一般取独立变量为 x 轴，因变量为 y 轴，在两轴侧要标明变量名称、符号和单位。坐标分度的选择，要能够反映实验数据的有效数字位数，即与被标的数值精度一致。分度的选择还应使数据容易读取。而且分度值不一定从零开始，以使所得图形能占满全幅坐标纸，匀称居中，避免图形偏于一侧。若在同一张坐标纸上，同时标绘几组测量值或计算数据，应选用不同符号加以区分（如使用＊、•、○等）。在按点描线时，所绘图形可为直线或曲线，但所绘线形应是光滑的，且应使尽量多的点落于线上。若有偏离线上的点，应使其均匀地分布在线的两侧。对数坐标系的选用，与直角坐标系的选用稍有差异，在选用时应注意以下几点问题。

① 标在对数坐标轴上的值是真值，而不是对数值。

② 对数坐标原点为（1，1）而不是（0，0）。

③ 0.01，0.1，1，10，100 等数的对数分别为−2，−1，0，1，2 等，所以在对数坐标纸上每一数量级的距离是相等的，但在同一数量级内的刻度并不是等分的。

④ 选用对数坐标系时，应严格遵循图纸表明的坐标系，不能随意将其旋转或缩放使用。

⑤ 对数坐标系上求直线斜率的方法与直角坐标系不同，因在对数坐标系上的坐标值是真值而不是对数值，所以，需要转化成对数值计算，或直接用尺子在坐标纸上量取线段长度求取，如图 2-1 所示 AB 线斜率的对数计算形式为

$$\eta=\frac{L_y}{L_x}=\frac{\lg y_1-\lg y_2}{\lg x_1-\lg x_2}$$

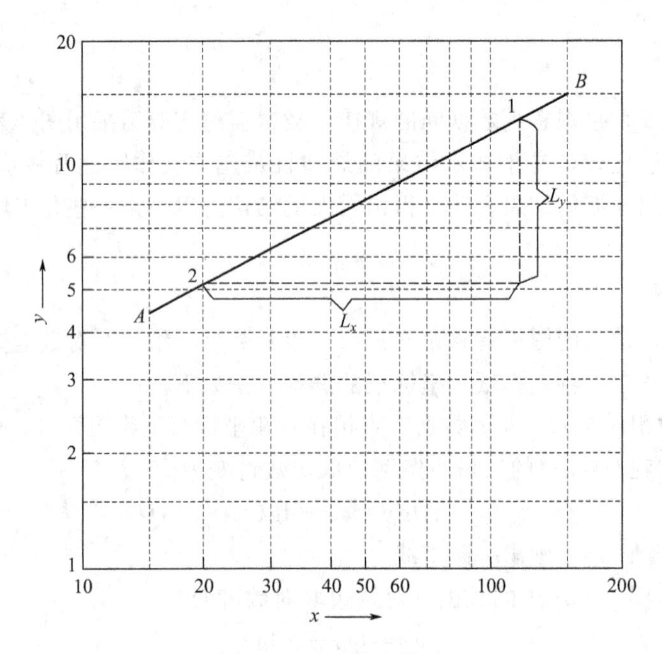

图 2-1　双对数坐标系

⑥ 在双对数坐标系上，直线与 $x=1$ 的交点的 y 值，即为方程 $y=ax^m$ 中的系数值 a。若所绘制的直线在图面上不能与 $x=1$ 相交，则可在直线上任意取一组数据 x 和 y 代入原方程 $y=ax^m$ 中，通过计算求得系数值 a。

三、 方程表示法

为工程计算方便，通常需要将实验数据或计算结果用数学方程或经验公式的形式表示出来。

在化学工程中，经验公式通常表示成无量纲的数群或特征数关系式，遇到的问题大多是如何确定公式中的常数或系数。经验公式或特征数关系式中的常数和系数的求法很多，最常用的是图解求解法和最小二乘法。

(1) 图解求解法

用于处理能在直角坐标系上直接标绘成一条直线的数据，很容易求出直线方程的常数和系数。在绘制图形时，有时两个变量之间的关系并不是线性的，而是符合某种曲线关系，为了能够简单地找出变量间的关系，以便求解回归经验方程和对其进行数据分析，常将这些曲线进行线性化。通常，可线性化的曲线包括六大类，详见表 2-2。

表 2-2 可线性化的曲线

序 号	图 形	函数及线性化方法
1	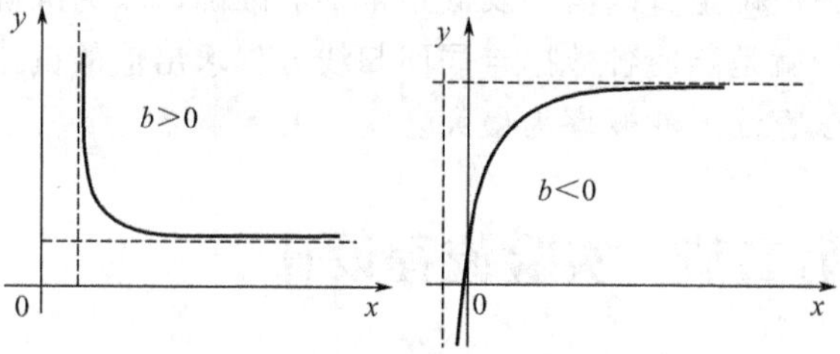 $b>0$；$b<0$	双曲线函数 $y=\frac{x}{ax+b}$ 令 $Y=\frac{1}{y}, X=\frac{1}{x}$ 则得直线方程 $Y=a+bX$
2	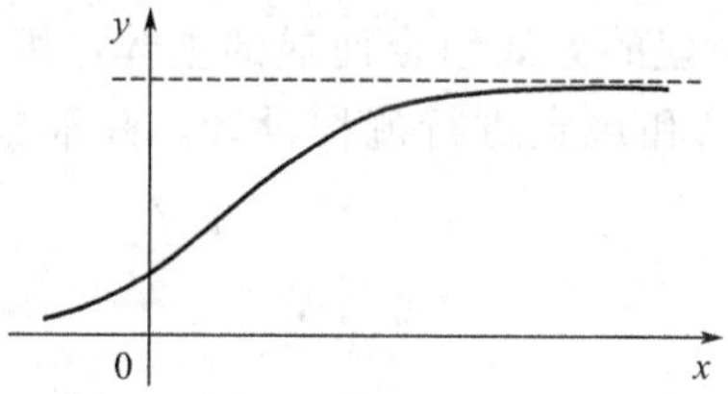	S形曲线 $y=\frac{1}{a+b\mathrm{e}^{-x}}$ 令 $Y=\frac{1}{y}, X=\mathrm{e}^{-x}$ 则得直线方程 $Y=a+bX$
3	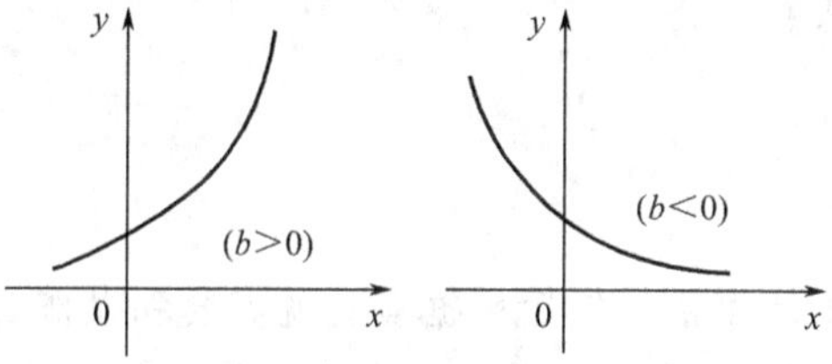 $(b>0)$；$(b<0)$	指数函数 $y=a\mathrm{e}^{bx}$ 令 $Y=\lg y, X=x$， $k=b\lg \mathrm{e}$ 则得直线方程 $Y=\lg a+kX$
4	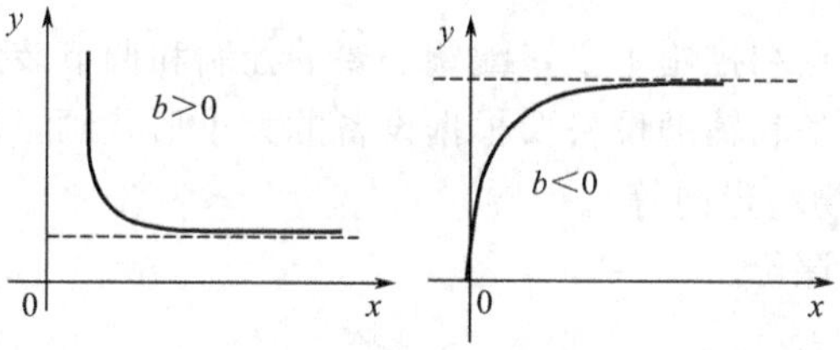 $b>0$；$b<0$	指数函数 $y=a\mathrm{e}^{\frac{b}{x}}$， 令 $Y=\lg y, X=1/x, k=b\lg \mathrm{e}$ 则得直线方程 $Y=\lg a+kX$
5	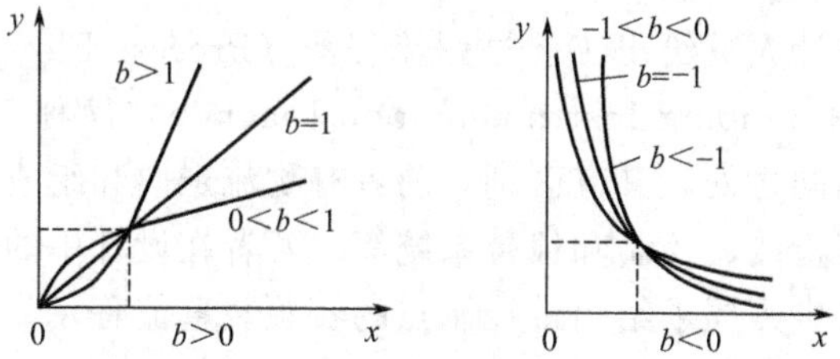 $b>1$，$b=1$，$0<b<1$，$b>0$；$-1<b<0$，$b=-1$，$b<-1$，$b<0$	幂函数 $y=ax^b$ 令 $Y=\lg y, X=\lg x$ 则得直线方程 $Y=\lg a+bX$
6	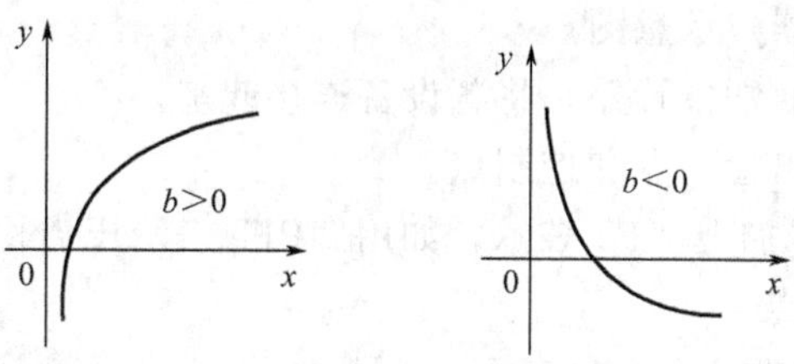 $b>0$；$b<0$	对数函数 $y=a+b\lg x$ 令 $Y=y, X=\lg x$ 则得直线方程 $Y=a+bX$

(2) 最小二乘法

使用图解求解法时，在坐标纸上标点会有误差，而根据点的分布确定直线的位置时，具有较大的人为性，因此，用图解法确定直线斜率及截距常不够准确。较为准确的方法是最小二乘法，其原理为：最佳的直线就是能使各数据点同回归线方程求出值的偏差的平方和为最小，也就是一定的数据点落在该直线上的概率为最大。

第二节　实验流程设计

流程设计是实验过程中一项重要的工作内容。化工实验装置是由各种单元设备和测试仪表通过管路、管件和阀门等以系统的合理的方式组合而成的整体，因此，在掌握实验原理、确定实验方案后，要根据前两者的要求和规定进行流程设计，并根据设计结果搭建实验装置，以完成实验任务。

一、流程设计的内容

① 选择主要设备和辅助设备。

② 确定主要检测点和检测方法。

③ 确定控制点和控制手段。

二、流程设计的步骤

① 根据实验原理和任务选择主体设备，然后根据实验的需要和操作要求确定附属设备。

② 根据实验原理找出所有的原始变量，由此确定检测点和检测方法，并配置必需的检测仪表。

③ 由实验操作要求确定控制点和控制手段，配置必要的控制和调节装置。

④ 画出实验流程图（主体设备和辅助设备要根据设备的大小形状画，然后用管线连接，用符号标注检测点、设备名称、物料走向等）。

⑤ 对实验流程的合理性作出评价。

三、实验流程图的基本要求

在化工设计中，通常要求设计人员给出工艺过程流程图（Process Flow Diagram，简称PFD）和带控制点的管道流程图（Piping Instrumentation Diagram，简称PID），两者都称为流程图，但两种流程图既有相同之处，又有区别，前者有物流走向和组成、工艺条件、主要设备等，而后者则包括管线、检测、控制和报警系统等，两者在设计中的作用是不同的。

在化工原理实验中，实验报告则要求给出带控制点的实验装置流程示意图。如图2-2和图2-3所示，带控制点的实验装置流程图通常由三部分内容组成：

① 主体设备和附属设备（仪器）示意图。

② 用标有物流方向的连线（通常指管路）将各设备连接起来。

③ 在相应设备、管路上标注出检测点和控制点。

检测点用代表物理变量的符号加上“I”表示，如用“PI”表示压力检测点；“TI”表示温度检测点；“FI”表示流量检测点。

控制点则用代表物理量的符号加上“C”表示。

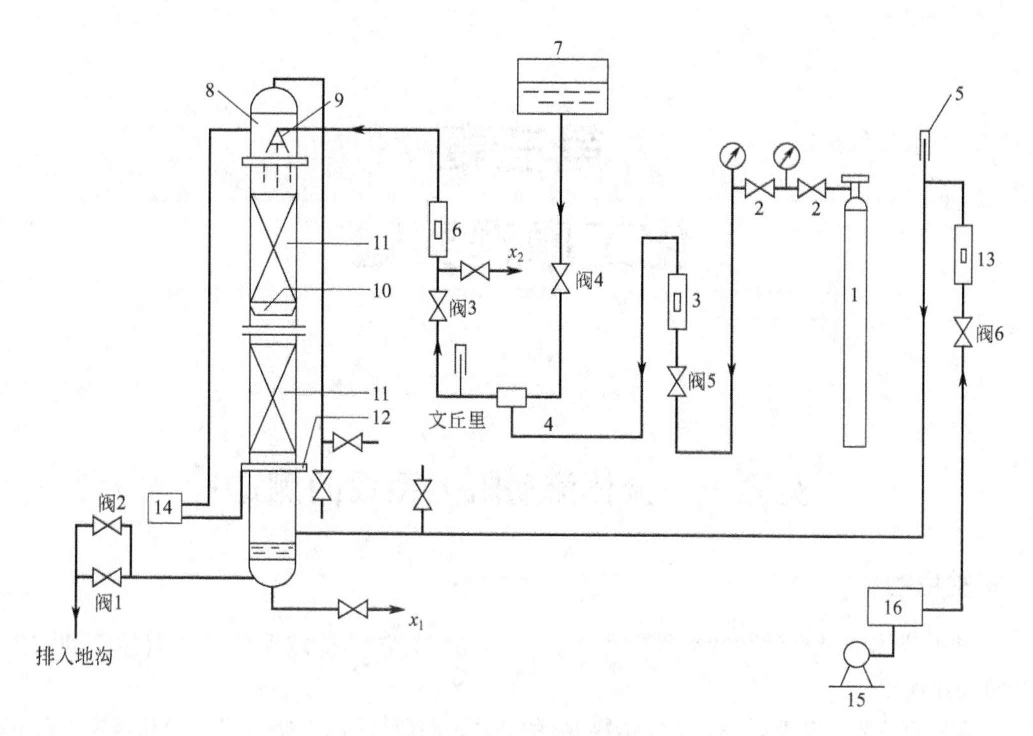

图 2-2　解吸装置流程

1—二氧化碳钢瓶；2—二氧化碳减压阀；3—二氧化碳流量计；4—气液混合器；5—温度计；6—水流量计；7—高位水塔；8—塔体；9—液体喷淋头；10—液体再分布器；11—填料；12—气体取压均压环；13—空气流量计；14—差压传感器；15—风机；16—空气缓冲罐

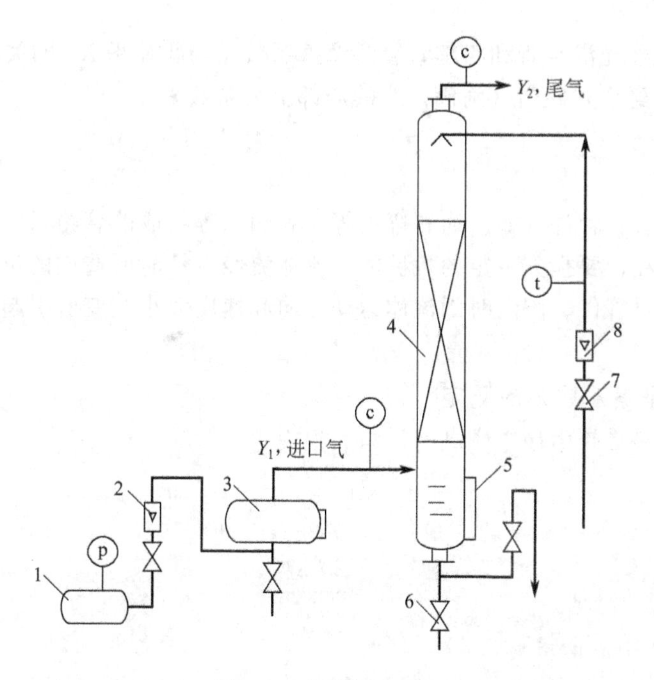

图 2-3　吸收实验流程

1—空压机；2—气体流量计；3—储槽；4—填料塔；5—液位计；6—排污阀；7—吸收剂阀；8—液体流量计

第三章 化工原理实验

实验一　流体流动阻力系数的测定

一、实验目的

1. 掌握流体流经直管和管阀件时阻力损失的测定方法，通过实验了解流体流动中能量损失的变化规律。

2. 测定直管阻力摩擦系数 λ 与雷诺数 Re 的关系，将所得的 $\lambda \sim Re$ 方程与公认经验关系比较。

3. 测定流体流经闸阀等管件时的局部阻力系数 ξ。

4. 观察组成管路的各种管件、阀件，并了解其作用。

二、实验任务

1. 测定流体流经光滑直管和粗糙直管时摩擦系数 λ 与雷诺数 Re 的关系。

2. 测定流体流经全开阀门（闸阀）时的局部阻力系数 ξ。

三、基本原理

流体通过由直管、管件（如三通和弯头等）和阀门等组成的管路系统时，由于黏性剪应力和涡流应力的存在，要损失一定的机械能。流体流经直管时所造成的机械能损失称为直管阻力损失。流体通过管件、阀门时因流体运动方向和速度大小改变所引起的机械能损失称为局部阻力损失。

1. 直管阻力摩擦系数 λ 的测定

流体在水平等径直管中稳定流动时，阻力损失为

$$h_f=\frac{\Delta p_f}{\rho}=\frac{p_1-p_2}{\rho}=\lambda\ \frac{l}{d}\times\frac{u^2}{2} \tag{3-1}$$

即

$$\lambda=\frac{2d\Delta p_f}{\rho l u^2} \tag{3-2}$$

式中　λ——直管阻力摩擦系数；

d——直管内径，m；

Δp_f——流体流经 l m 直管的压降，Pa；

h_f——单位质量流体流经 l m 直管的机械能损失，J/kg；

ρ——流体密度，kg/m^3；

l——直管长度，m；

u——流体在管内流动的平均流速，m/s。

滞流（层流）时

$$\lambda=\frac{64}{Re} \tag{3-3}$$

$$Re=\frac{du\rho}{\mu} \tag{3-4}$$

式中 Re——雷诺数；

μ——流体黏度，Pa·s。

湍流时 λ 是雷诺数 Re 和相对粗糙度（ε/d）的函数，须由实验确定。

由式(3-2) 可知，欲测定 λ，需确定 l、d、Δp_f、u、ρ、μ 等参数。l、d 为装置参数（装置参数表格中给出），ρ、μ 通过测定流体温度，再查相关手册得到，u 通过测定流体流量，再由管径计算得到。

本装置采用涡轮流量计测流量 V，m^3/h。

$$u=\frac{V}{900\pi d^2} \tag{3-5}$$

Δp_f采用差压变送器和二次仪表显示。

根据实验装置结构参数 l、d，指示液密度 ρ_0，流体温度 t_0（查流体物性 ρ、μ），及实验时测定的流量 V、管压降 Δp_f，通过式(3-2)、式(3-4) 和式(3-5) 求取 Re 和 λ，再将 Re 和 λ 标绘在双对数坐标系中。

2. 局部阻力系数 ξ 的测定

局部阻力损失通常有两种表示方法，即当量长度法和阻力系数法。

(1) 当量长度法

流体流过某管件或阀门时造成的机械能损失可看作与直径为 l_e 的管道所产生的机械能损失相当，此折合的管道长度称为当量长度，用符号 l_e 表示。这样，就可以用直管阻力的公式来计算局部阻力损失，而且在管路计算时可将管路中的直管长度与管件、阀门的当量长度合并在一起计算，则流体在管路中流动时的总机械能损失 $\sum h_f$ 为

$$\sum h_f=\lambda\frac{l+\sum l_e}{d}\times\frac{u^2}{2} \tag{3-6}$$

(2) 阻力系数法

流体通过某一管件或阀门时的机械能损失表示为流体在小管径管路内流动时平均动能的某一倍数，这种计算局部阻力的方法称为阻力系数法。

即
$$h'_f=\frac{\Delta p'_f}{\rho g}=\xi\frac{u^2}{2} \tag{3-7}$$

故
$$\xi=\frac{2\Delta p'_f}{\rho g u^2} \tag{3-8}$$

式中 ξ——局部阻力系数；

$\Delta p'_f$——局部阻力压降，Pa，本装置中，所测得的压降应扣除两测压口间直管段的压降，直管段的压降由直管阻力实验结果得到；

ρ——流体密度，kg/m^3；

g——重力加速度，9.81m/s^2；

u——流体在小管径管路中的平均流速，m/s。

待测的管件和阀门由现场指定。本实验采用阻力系数法表示管件或阀门的局部阻力损失。

根据连接管件或阀门两端管径中小管的直径 d、指示液密度 ρ_0、流体温度 t_0（查流体物性 ρ、μ），及实验时测定的流量 V、局部阻力压降 $\Delta p'_f$，通过式(3-5) 和式(3-8) 求取管件或阀门的局部阻力系数 ξ。

四、实验装置与流程

1. 实验装置

管道阻力实验装置如图 3-1 所示。

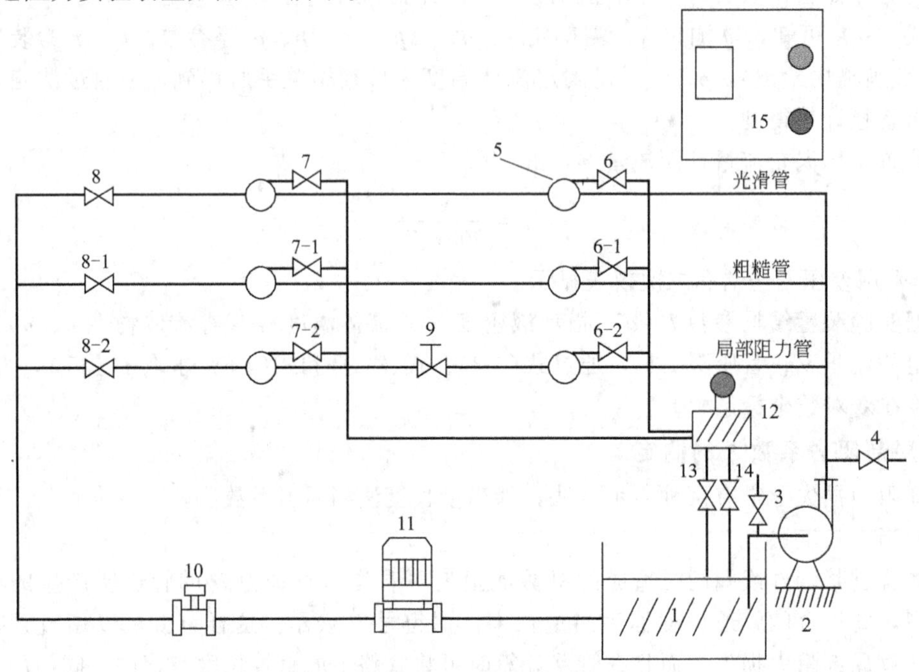

图 3-1 管道阻力实验装置

1—水箱；2—离心泵；3—灌水阀；4—排气阀；5—均压环；6、7—引压阀；8—管路选择阀；9—闸阀；10—涡轮流量计；11—电动调节阀；12—压力变送器；13、14—测压管排气阀；15—电气仪表控制箱

2. 实验流程

实验对象部分是由水箱，离心泵，不同管径、材质的水管，各种阀门、管件，涡轮流量计和倒 U 形压差计等所组成的。管路部分有三段并联的长直管，分别用于测定局部阻力系数、光滑管直管阻力摩擦系数和粗糙管直管阻力摩擦系数。测定局部阻力部分使用不锈钢管，其上装有待测管件（闸阀）；光滑管直管阻力的测定同样使用内壁光滑的不锈钢管，而粗糙管直管阻力的测定对象为管道内壁较粗糙的镀锌管。

本实验的介质为水，由水箱经离心泵供给，流经实验装置后的水通过管道流回水箱循环使用。

水的流量用装在测试装置管上的涡轮流量计测量，并从控制台上的仪表读取；管道的压差可从控制台上的仪表读取。

3. 装置参数

装置参数见表 3-1。

表 3-1 实验装置结构尺寸

	名称	材质	管路号	管内径/mm	测量段长度/cm
装置	局部阻力管	闸阀	1A	20.0	95
	光滑管	不锈钢管	1B	20.0	100
	粗糙管	镀锌铁管	1C	21.0	100

五、实验步骤和注意事项

1. 实验步骤

① 清理水箱中的杂质，然后加装实验用水；打开灌水阀 3 和排气阀 4，给离心泵灌满水后排出泵内气体，再关闭灌水阀和排气阀。

② 打开总电源和仪表开关，启动离心泵，待电机转动平稳后，通过控制面板在 M 状态下把流量调到最大。

③ 打开 3 个管路选择阀 8、8-1 和 8-2，并开到最大，保持水在整个管路内全流量流动 5～10min，以排出管道气，再关闭 3 个管路选择阀；手动打开阀 6、7 和阀 13、14，对光滑管的测压管进行排气，之后关闭阀 6 和阀 7；依次对粗糙管和局部阻力管进行排气，最后再关闭阀 13 和阀 14。

④ 依次选择实验管路进行实验（打开所选择管路的管路选择阀，每次只能选择一条管路，其他管路的管路选择阀关闭）。打开相应管路与均压环相连的阀 6 和 7。在仪表上控制流量在一定（最大为 $4m^3/h$）范围内变化，通过控制面板调节流量，正确记录不同流量下的压差和流量等有关参数。注意：每次改变流量时，需等待流动达到稳定后，记下对应的数据。根据本装置特点，应考虑好实验点的分布和测量次数。

⑤ 关闭管路阀门、离心泵和仪表电源，清理装置。

2. 注意事项

与本实验无关的阀门、仪表，请不要乱动。

六、实验记录表和数据结果表

实验设备编号：______ 光滑管径：______ 光滑管长：______ 粗糙管径：______ 粗糙管长：______ 局部阻力管径：______ 平均水温：______

数据记录表和数据结果表如表 3-2 和表 3-3 所示。

表 3-2 管道阻力测定实验数据记录表

序号	流量/(m^3/h)	光滑管压差/kPa	粗糙管压差/kPa	局部阻力管压差/kPa	水温/℃

表 3-3　管道阻力测定实验数据结果表

序号	光滑管						粗糙管						闸阀	
	V /(m³/h)	Δh /m	ρ	μ	λ	Re	V /(m³/h)	Δh /m	ρ	μ	λ	Re	Δh /m	ξ

七、实验报告

1. 根据粗糙管实验结果，在双对数坐标纸上标绘出 $\lambda \sim Re$ 曲线，对照化工原理教材上有关曲线图，即可估算出该管的相对粗糙度和绝对粗糙度。

2. 根据光滑管实验结果，对照柏拉修斯方程，计算其误差。

3. 根据局部阻力实验结果，求出闸阀全开时的平均 ξ 值。

4. 对实验结果进行分析讨论。

八、思考题

1. 如何检测管路中的空气已经被排除干净？

2. 以水作介质所测得的 $\lambda \sim Re$ 关系能否适用于其他流体？如何应用？

3. 在不同设备上（包括不同管径），不同水温下测定的 $\lambda \sim Re$ 数据能否关联在同一条曲线上？

实验二　离心泵特性曲线的测定

一、实验目的

1. 了解离心泵的结构与特性。

2. 掌握离心泵特性曲线的测定方法。

3. 熟悉离心泵的操作方法和特性曲线的应用。

二、实验任务

测定离心泵在指定转速（2900r/min）下的特性曲线。

三、基本原理

泵是输送液体的常用机械，必须懂得如何正确地选择和使用。在选用一台水泵时，既要有满足一定工艺要求的流量、压头，还要有较高的工作效率。要正确地选择和使用离心泵，就必须掌握离心泵的流量（V）变化时，泵的压头（H）、功率（N）、效率（η）以及允许吸上真空度（H_s）的变化规律，即一定转速下的特性曲线有：

压头-流量曲线（$H \sim V$ 曲线）；

功率-流量曲线（$N \sim V$ 曲线）；

效率-流量曲线（$\eta \sim V$ 曲线）；

允许吸上真空度-流量曲线（$H_s \sim V$ 曲线）。

由离心泵的特性曲线可知，$H \sim V$ 曲线可预测在一定的管路系统中，离心泵的实际流量的大小能否满足要求；$N \sim V$ 曲线可预测离心泵在某一流量下运行时消耗的能量，以配置合适的动力设备；$\eta \sim V$ 曲线可以预测离心泵在某一流量下运行时效率的高低，使该泵能够在适宜的条件下运行，以发挥其最高效率；$H_s \sim V$ 曲线可以通过计算来决定水泵的安装高度。

由此离心泵的特性曲线是选择和使用离心泵的重要依据之一，其特性曲线是在恒定转速下泵的扬程 H、轴功率 N 及效率 η 与泵的流量 V 之间的关系曲线，它是流体在泵内流动规律的外部表现形式。由于流体在泵的内部流动情况复杂，不能用数学方法计算这一特性曲线，只能依靠实验测定。

1. 扬程 H 的测定与计算

在泵进、出口取截面列伯努利方程，由于两截面间的管长较短，通常可忽略阻力项 Σh_f

$$H=\frac{p_2-p_1}{\rho g}+Z_2-Z_1+\frac{u_2^2-u_1^2}{2g} \tag{3-9}$$

式中 p_1、p_2——分别为泵进、出口的压强，Pa；

ρ——流体密度，kg/m^3；

u_1、u_2——分别为泵进、出口的流速，m/s；

g——重力加速度，m/s^2。

当泵进、出口管口径一样，且压力表和真空表安装在同一高度，上式简化为

$$H=\frac{p'_2-p'_1}{\rho g} \tag{3-10}$$

由上式可知，只要直接读出真空表和压力表上的数值，就可以计算出泵的扬程。

2. 轴功率 N 的测量与计算

轴功率可按下式计算

$$N=N_{电} k \tag{3-11}$$

式中 N——泵的轴功率，W；

$N_{电}$——电机功率，W；

k——电机传动效率，取 $k=0.95$。

由上式可知，要测定泵的轴功率，需要读出电机功率表的显示值。

3. 效率 η 的计算

泵的效率 η 是泵的有效功率 N_e 与轴功率 N 的比值。有效功率 N_e 是单位时间内流体流经泵时所获得的实际功，轴功率 N 是单位时间内泵从电机得到的功，两者的差异反映了水力损失、容积损失和机械损失的大小。

泵的有效功率 N_e 可用下式计算

$$N_e = HV\rho g \tag{3-12}$$

故

$$\eta = \frac{N_e}{N} = \frac{HV\rho g}{N} \tag{3-13}$$

4. 转速改变时的换算

泵的特性曲线是在指定转速下的数据，即在某一特性曲线上的所有实验点转速都相同。但实际上，感应电动机在转矩改变时，其转速会有变化，这样随着流量的变化，多个实验点的转速将有所差异，因此在绘制特性曲线前，须将实测数据换算为指定转速（2900r/min）下的数据。换算关系如下

流量

$$V' = V\frac{n'}{n} \tag{3-14}$$

扬程

$$H' = H\left(\frac{n'}{n}\right)^2 \tag{3-15}$$

轴功率

$$N' = N\left(\frac{n'}{n}\right)^3 \tag{3-16}$$

效率

$$\eta' = \frac{H'V'\rho g}{N'} = \frac{HV\rho g}{N} = \eta \tag{3-17}$$

四、实验装置与流程

离心泵特性曲线测定实验装置如图 3-2 所示（与管道阻力实验装置相同）。

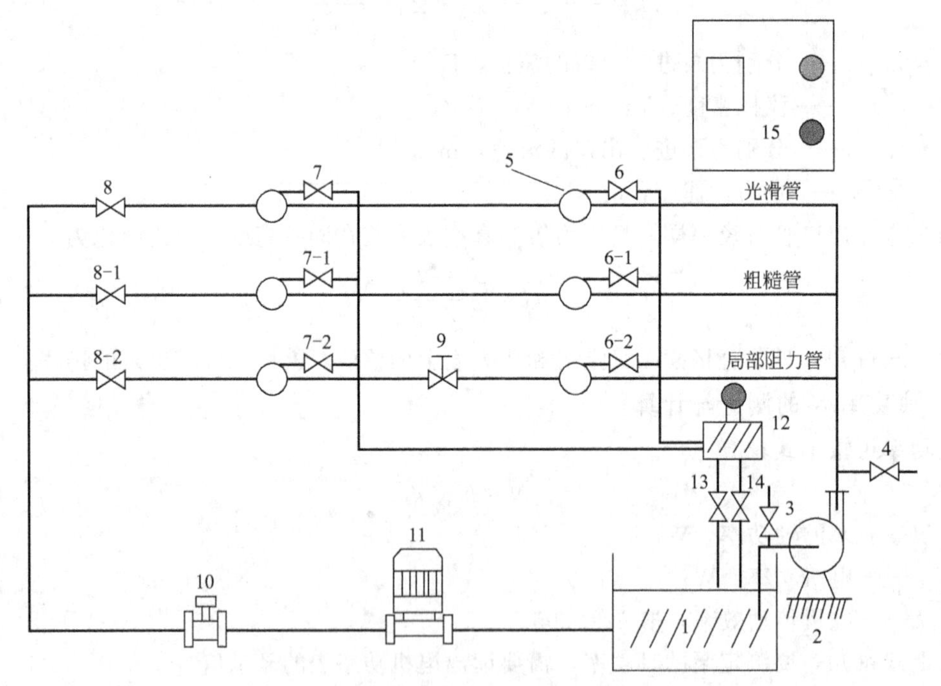

图 3-2　离心泵特性曲线测定实验装置流程

1—水箱；2—离心泵；3—灌水阀；4—排气阀；5—均压环；6、7—引压阀；8—管路选择阀；9—闸阀；10—涡轮流量计；11—电动调节阀；12—压力变送器；13、14—测压管排气阀；15—电气仪表控制箱

实验装置主要由水箱、离心泵、不锈钢管、各种阀门或管件、压力传感器、涡轮流量计、电动调节阀、转速传感器等组成。

本实验的介质为水，由水箱经离心泵供给，流经实验装置后的水通过管道流回水箱循环使用。

水的流量用装在测试装置管上的涡轮流量计测量，并从控制台上的仪表读取。泵进出口的压力可从控制台上的仪表读取。

五、实验步骤和注意事项

1. 实验步骤

① 清理水箱中的杂质，然后加装实验用水。给离心泵灌泵，直到排出泵内气体。

② 检查各阀门开度和仪表自检情况，试开状态下检查电机和离心泵是否正常。

③ 选择光滑管作为离心泵实验管路，把对应的管路阀门打开。

④ 实验时，在输入通道中通过仪表控制电动调节阀的开度，让流量在开度0～100%范围内变化，根据流量值的测量范围均匀分布实验点。待各仪表读数显示稳定后，在输出通道中读取相应数据。离心泵特性实验主要获取的实验数据为：流体温度 T、泵进口压力 p_1、泵出口压力 p_2、电机功率 $N_{电}$、流体流量 V 和电机转速 n。

⑤ 测取8～10组数据后，将电动调节阀的开度调整为0，关闭离心泵电源、电动调节阀电源、仪表电源、总电源开关，清理装置。

2. 注意事项

① 每次实验前均需进行灌泵操作，以防止离心泵气缚。同时注意定期对泵进行保养，防止叶轮被固体颗粒损坏。

② 泵运转过程中，勿触碰泵主轴部分，因其高速转动，可能会缠绕并伤害身体接触部位。

③ 不要在管路阀门关闭状态下长时间使泵运转，一般不超过3min，否则泵中液体循环温度升高，易产生气泡，使泵抽空。

六、实验记录表和数据结果表

设备编号：__________ 平均水温：__________

数据记录表和数据结果表如表3-4和表3-5所示。

表3-4 离心泵特性曲线测定实验数据记录表

序号	流量 $V/(m^3/h)$	进口压力 p_1/kPa	出口压力 p_2/kPa	电机功率 $N_{电}$/kW	转速 n/(r/min)	水温/℃

表 3-5 离心泵特性曲线测定实验数据结果表

序号	V /(m³/s)	H /m	N /kW	n=2900r/min			
				V'/(m³/s)	H'/m	N'/kW	η

七、实验报告

1. 在同一张坐标纸上绘制一定转速下的 $H \sim V$、$N \sim V$、$\eta \sim V$ 曲线。
2. 分析实验结果，确定离心泵适宜的工作范围。

八、思考题

1. 试从所测实验数据分析，离心泵在启动时为什么要关闭出口阀门？
2. 启动离心泵之前为什么要灌水？如果泵灌水后，泵在启动后还不能送水（即无水流出），你认为可能的原因是什么？
3. 正常工作的离心泵，在其进口管路上安装阀门是否合理？为什么？
4. 试分析，用清水泵输送密度为 1200kg/m³ 的盐水（忽略黏度的影响），在相同流量下你认为泵的压力是否变化？轴功率是否变化？

实验三　数字型恒压过滤常数的测定

一、实验目的

1. 熟悉板框压滤机的构造和操作方法。
2. 通过恒压过滤实验验证过滤基本原理。
3. 学会测定过滤常数 K、q_e、τ_e 及压缩性指数 s 的方法。
4. 了解操作压力对过滤速率的影响。
5. 学会恒压过滤实验软件的使用及数据采集的方法。

二、实验任务

1. 测定恒定压力过滤条件下的过滤常数。
2. 测定不同压力条件下的过滤常数和过滤速率的关系，以及滤饼压缩性指数。

三、基本原理

过滤是以某种多孔物质作为介质来处理悬浮液的操作。在外力的作用下，悬浮液中的液体通过介质的孔道而固体颗粒被截流下来，从而实现固液分离，因此，过滤操作在本质上是流体通过固体颗粒床层的流动，而这个固体颗粒床层（滤渣层）的厚度随着过滤的进行而不断增加，故在恒压过滤操作中过滤速率不断降低。

影响过滤速率的主要因素除压差 Δp、滤饼厚度 L 外，还有滤饼和悬浮液的性质、悬浮液温度、过滤介质的阻力等，故用流体力学的方法处理。

比较过滤过程与流体经过流动床的过程可知：过滤速率即为流体通过固定床的表观速率 u。同时，流体在细小颗粒构成的滤饼空隙中的流动属于低雷诺数范围，也就是过滤时滤液流过滤饼和过滤介质的流动过程基本上处在层流流动范围内，因此，可利用流体通过固定床压降的简化模型寻求滤液量与时间的关系，得到过滤速率计算式。

$$u=\frac{\mathrm{d}V}{A\,\mathrm{d}\tau}=\frac{\mathrm{d}q}{\mathrm{d}\tau}=\frac{A\Delta p}{\mu r v(V+V_e)}=\frac{A\Delta p^{1-s}}{\mu r' v(V+V_e)} \tag{3-18}$$

式中 u——过滤速率，m/s；

V——通过过滤介质的滤液量，m^3；

A——过滤面积，m^2；

τ——过滤时间，s；

q——通过单位面积过滤介质的滤液量，m^3/m^2；

Δp——过滤压力（表压），Pa；

s——滤饼压缩性指数；

μ——滤液的黏度，Pa·s；

r——不可压缩的滤饼比阻，$1/m^2$；

v——单位滤液体积的滤饼体积，m^3/m^3；

V_e——过滤介质的当量滤液体积，m^3；

r'——压缩性指数为 s 的滤饼比阻，$1/m^2$。

对于一定的悬浮液，在恒温和恒压下过滤时，μ、r'、v 和 Δp 都恒定，故令

$$k=\frac{1}{\mu v' v} \qquad K=2k\Delta p^{1-s} \tag{3-19}$$

于是式(3-18) 可改写为

$$\frac{\mathrm{d}V}{\mathrm{d}\tau}=\frac{KA^2}{2(V+V_e)} \tag{3-20}$$

式中 K——过滤常数，由物料特性及过滤压差决定，m^2/s。

将式(3-20) 分离变量积分，整理得

$$(V+V_e)^2=KA^2(\tau+\tau_e) \tag{3-21}$$

式中 τ_e——虚拟过滤时间，相当于滤出滤液量 V_e 所需的时间，s。

$$q=V/A \qquad q_e=V_e/A \tag{3-22}$$

将式(3-22) 代入式(3-21) 可得

$$(q+q_e)^2=K(\tau+\tau_e) \tag{3-23}$$

式中 q——单位过滤面积的滤液体积，m^3/m^2；

q_e——单位过滤面积的虚拟滤液体积，m^3/m^2；

τ_e——虚拟过滤时间，s；

K——过滤常数，由物料特性及过滤压差决定，m^2/s。

K、q_e、τ_e 均为过滤常数。利用恒压过滤方程进行计算时，首先需要知道 K、q_e、τ_e，它们只有通过实验才能确定。

对式(3-23) 微分可得

$$2(q+q_e)dq=Kd\tau \tag{3-24}$$

即

$$\frac{d\tau}{dq}=\frac{2}{K}q+\frac{2}{K}q_e \tag{3-25}$$

该式表明以 $d\tau/dq$ 为纵坐标，以 q 为横坐标作图可得一直线，直线斜率为 $2/K$，截距为 $2q_e/K$。在实验测定中，为便于计算，用 $\Delta\tau/\Delta q$ 替代 $d\tau/dq$，则式(3-25) 可改写成

$$\frac{\Delta\tau}{\Delta q}=\frac{2}{K}q+\frac{2}{K}q_e \tag{3-26}$$

式中 Δq——单位过滤面积滤液体积（在实验中一般等量分配），m^3/m^2；

$\Delta\tau$——滤液体积 Δq 所对应的时间，s；

q——相邻两个 q 值的平均值，m^3/m^2。

在恒压条件下，用配套的恒压过滤实验软件采集一系列时间间隔 $\Delta\tau_i$（$i=1$，2，3…）及对应的滤液体积 ΔV_i（$i=1$，2，3…），由此算出一系列 $\Delta\tau_i$、Δq_i 和 q_i。以 $\Delta\tau/\Delta q$ 为纵坐标、q 为横坐标作图，可得到一条直线，由该直线的斜率和截距即可求得过滤常数 K 和 q_e。

改变实验所用的过滤压差 Δp，可测得不同的 K 值，将 K 的定义式两边取对数得

$$\lg K=(1-s)\lg(\Delta p)+\lg(2k) \tag{3-27}$$

在实验压差范围内，若 k 为常数，则 $\lg K\sim\lg(\Delta p)$ 的关系在直角坐标系中应是一条直线，直线的斜率为 $1-s$，可得滤饼压缩性指数 s，由截距可得物料特性常数 k。

四、实验装置与流程

测定恒压过滤常数的实验装置由空压机、配料罐、压力罐、清水罐、板框压滤机等组成，其流程示意如图 3-3 所示。

在配料罐中配制一定浓度的 $CaCO_3$ 悬浮液，然后利用位差送入压力罐中，用压缩空气加以搅拌使 $CaCO_3$ 不致沉降，同时利用压缩空气的压力将滤浆送入板框压滤机过滤，滤液流入水桶，通过电子天平计量。压缩空气通过压力罐上的放空管路放空。

实验的主要参数如下。

① 板框压滤机的结构尺寸为：框厚度 25mm，每个框过滤面积 $0.024m^2$，框数 2 个。

② 空压机规格型号为：风量 $0.06m^3/min$，最大气压 0.8MPa。

③ 实验时的 3 个压力条件为：0～0.1MPa；0.1～0.2MPa；0.2～0.3MPa。

五、实验步骤及注意事项

1. 实验步骤

① 打开仪表控制柜的总电源、仪表电源开关和空压机开关，打开电子天平的电源开关，启动电脑，打开 MCGS 软件（图标名为“MCGS 运行环境”），进入数字型恒压过滤操作界面。检查控制柜上仪表显示的板框压力与电脑操作界面上的板框压力是否一致；现场电子天平上显示的质量与电脑操作界面上的质量是否一致。若一致进行下一步操作，否则查线，直到显示一致为止。

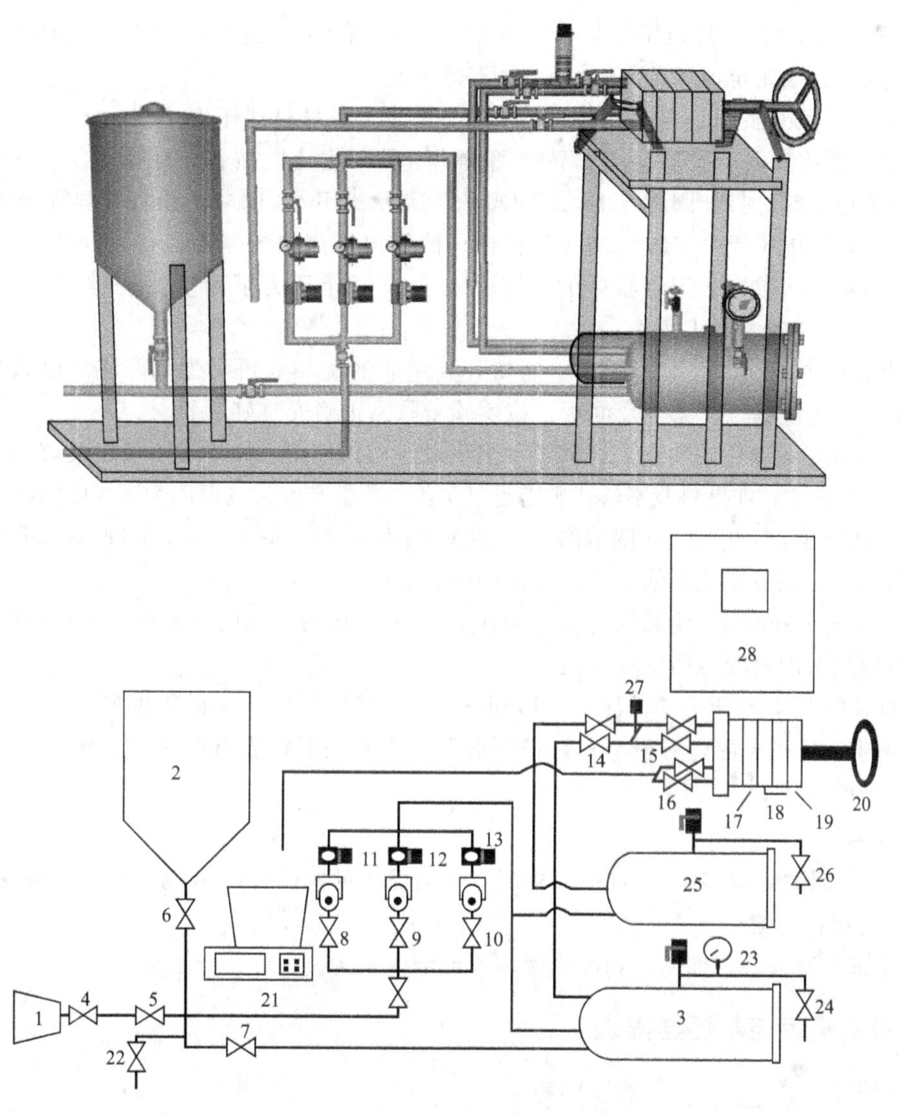

图 3-3 恒压过滤演示图和工艺流程

1—空压机；2—配料罐；3—压力罐；4—空压机出口阀；5—配料罐进气阀；6—配料罐阀；7—物料进压力罐阀；8～10—气体连通阀；11～13—压力和定值调节阀；14、15—物料进口阀；16—滤液出口阀；17—滤框；18—通孔切换阀；19—滤板；20—手轮；21—电子天平；22—排放阀；23—压力表；24、26—排气阀；25—清水罐；27—压力传感器；28—控制柜

② 在配料罐内配制含 $CaCO_3$ 20%～30%（质量分数）的水悬浮液，并熟悉实验装置流程。

③ 全开阀 4，打开阀 5 和阀 6 少许（以配料罐物料有少量翻滚为宜，否则会把物料冲出），将压缩空气通入配料罐，使 $CaCO_3$ 悬浮液搅拌均匀，然后关闭阀 5 和阀 6。

④ 正确装好滤板、滤框及滤布。滤布使用前用水浸湿，滤布要绷紧，不能起皱。滤布应紧贴滤板，密封垫应紧贴滤布。（注意：用螺旋压紧时，先慢慢转动手轮使板框合上，然后再压紧，防止手指压伤。）

⑤ 全开排气阀 24，全开阀 6、阀 7，使料浆由配料罐流入压力罐至示镜的 2/3 处，关闭阀 6、阀 7，并关小阀 24，使之有少量气体排出，达到搅拌作用。

⑥ 在电脑界面进入过滤实验，点击低压电磁阀开关，进入图 3-3 中的界面；再全开阀 5

和阀 8，通过调节阀 11 设定压力为 0.1MPa，向压力罐内鼓入空气，也会使压力罐内料液搅拌均匀（注意：设定定值调节阀时，阀 24 要略开）。

⑦ 全开阀 14，此时还可微调控制柜上仪表显示的板框过滤压力。

⑧ 把水桶放到电子天平上，按下电子天平上的“去皮”按钮，使电子天平显示为零。待过滤压力稳定时，打开阀 18、阀 15 和阀 16（均为全开），同时点击操作界面上的“开始实验”按钮，用电子天平上的水桶收集板框压滤机出口流出的滤液。待过滤体积为 800mL 左右时，采集一次数据，记录相应的过滤时间 $\Delta\tau$。每个压力下测量 7～8 组数据，关闭阀 15、阀 16 和阀 8 即可停止实验。

⑨ 做完一个条件下的实验后卸下滤饼，利用滤液洗涤滤饼和滤布，将之倒入配料罐 2 中；再用清水清洗滤布、滤框及滤板，按实验步骤④正确安装好装置。

⑩ 检查压力罐 3 中的料液是否够下一恒压过滤操作使用；如果 3 中的料浆够用，可直接进行下一步的操作；如果料浆不够，则需重复实验步骤③和⑤，确保压力罐 3 中的料浆充足。

⑪ 关闭阀 8，打开阀 9 并调节阀 12；或关闭阀 9，打开阀 10 并调节阀 13，重复操作实验步骤⑦和⑧，便可完成其他压力条件下的过滤实验。

⑫ 打开阀 7 和阀 6（注意保持合适的开度），利用压力罐 3 的剩余压力或利用低压管路，将压力罐内剩余的料液压回配料罐内。

⑬ 打开阀 24，对压力罐泄压，然后卸下滤饼，清洗滤框、滤板和滤布。

⑭ 关闭空压机电源，对整个管路进行泄压，之后关闭仪表电源和总电源开关，并做好设备和场地的卫生。

2. 注意事项

① 在搅拌物料和把物料压回配料罐时，其管路中的阀门开度不能太大，否则鼓泡很大，配料罐中的物料会喷出。

② 滤饼、滤液要全部回收到配料罐，不能倒入水沟。

六、实验记录表与数据结果表

设备编号：__________ 料浆名称：__________

滤布种类：__________ 滤框个数：__________ 过滤面积：__________

数据记录表和数据结果表如表 3-6 和表 3-7 所示。

表 3-6 过滤常数测定实验数据记录表

序号	过滤压力：		过滤压力：		过滤压力：	
	滤液量 ΔV/mL	过滤时间 $\Delta\tau$/s	滤液量 ΔV/mL	过滤时间 $\Delta\tau$/s	滤液量 ΔV/mL	过滤时间 $\Delta\tau$/s

表 3-7　过滤常数测定实验数据结果表

序号	过滤压力：				过滤压力：			
	q /(m^3/m^2)	Δq /(m^3/m^2)	$\Delta\tau$ /s	$\Delta\tau/\Delta q$ /(s/m)	q /(m^3/m^2)	Δq /(m^3/m^2)	$\Delta\tau$ /s	$\Delta\tau/\Delta q$ /(s/m)
$K/(m^2/s)$								
$q_e/(m^3/m^2)$								
τ_e/s								

七、实验报告

1. 由恒压过滤实验数据作图，求出过滤常数 K、q_e、τ_e。
2. 列出不同条件下的过滤方程式。
3. 在直角坐标纸上绘制 $\lg K \sim \lg(\Delta p)$ 关系曲线，求出 s 及 k。
4. 比较各压力下的 K、q_e、τ_e，讨论压力变化对以上参数数值的影响。

八、思考题

1. 板框压滤机的优缺点是什么？适用于什么场合？
2. 板框压滤机的操作分哪几个阶段？
3. 为什么过滤开始时滤液常常有点浑浊，过段时间后滤液才逐渐变清？
4. 影响过滤速率的主要因素有哪些？若将过滤压力提高 1 倍，K、q_e、τ_e 将有何变化？
5. 当操作压力增加 1 倍，K 值是否也增加 1 倍？要得到同样的过滤液，过滤时间是否缩短了一半？
6. 滤浆浓度和操作压力对过滤常数 K 有何影响？

实验四　对流给热系数的测定

一、实验目的

1. 了解间壁式传热元件，观察水蒸气在水平管外壁上的冷凝现象。
2. 掌握测定给热系数的实验方法。
3. 了解影响给热系数的因素和强化传热的途径。
4. 掌握热电阻测温的方法。

二、实验任务

1. 测定空气在圆形光滑直管中作湍流流动时的对流传热特征数关联式。

2. 测定空气在强化管中作湍流流动时的对流传热特征数关联式。

三、基本原理

1. 特征数关联式

影响对流传热的因素很多，根据量纲分析得到的对流传热的特征数关联式为

$$Nu = CRe^m Pr^n Gr^l \tag{3-28}$$

式中，C、m、n、l 为待定参数。参加传热的流体、流态及温度等不同，待定参数不同。目前，只能通过实验来确定特定范围的参数。本实验是测定空气在圆管作强制对流时的对流给热系数，因此，可以忽略自然对流对传热膜系数的影响，即 Gr 为常数。在温度变化不太大的情况下，Pr 可视为常数。所以，特征数关联式可写成

$$Nu = CRe^m \tag{3-29}$$

或

$$\alpha = C\frac{\lambda}{d}Re^m \tag{3-30}$$

待定参数 C 和 m 可以通过测定蒸汽、空气的有关数据后，根据原理计算，然后在双对数坐标系中作图求出。

2. 传热量的计算

在套管换热器中，管环隙间通以水蒸气，内管管内通以空气，水蒸气冷凝放热以加热空气，在传热过程达到稳定后，传递的热量由式(3-31) 计算。

$$Q = V\rho c_p(t_2 - t_1) = \alpha_0 S_0 (T - T_w)_m = \alpha_i S_i (t_w - t)_m \tag{3-31}$$

根据热传递速率

$$Q = KS\Delta t_m \tag{3-32}$$

$$KS\Delta t_m = V\rho c_p(t_2 - t_1) \tag{3-33}$$

$$\Delta t_m = \frac{(T - t_1) - (T - t_2)}{\ln\dfrac{T - t_1}{T - t_2}} \tag{3-34}$$

式中 Q——换热器的热负荷（即传热速率），kJ/s；

V——被加热流体的体积流量，m^3/s；

K——换热器总传热系数，$W/(m^2 \cdot ℃)$；

S_0、S_i——内管的外壁、内壁的传热面积，m^2；

ρ——被加热流体的密度，kg/m^3；

Δt_m——水蒸气与内壁间的对数平均温差，℃；

c_p——被加热流体的平均比热容，kJ/(kg · ℃)；

$(t_w - t)_m$——内壁与流体间的对数平均温差，℃；

α_i、α_0——水蒸气对内管外壁的对流给热系数和流体对内管内壁的对流给热系数，$W/(m^2 \cdot ℃)$；

t_1、t_2——被加热流体进、出口温度，℃；

T——蒸汽进、出口温度 T_1、T_2 的平均温度，℃；

$(T - T_w)_m$——水蒸气与外壁间的对数平均温差，℃。

3. 传热膜系数的计算

以管内壁面积为基准的总传热系数与对流给热系数间的关系为

$$\frac{1}{K}=\frac{1}{\alpha_2}+R_{S2}+\frac{bd_2}{\lambda d_m}+R_{S1}\frac{d_2}{d_1}+\frac{d_2}{\alpha_1 d_1} \tag{3-35}$$

式中 d_1——换热管外径，m；

d_2——换热管内径，m；

d_m——换热管的对数平均直径，m；

b——换热管的壁厚，m；

λ——换热管材料的热导率，W/(m·℃)；

R_{S1}——换热管外侧的污垢热阻，m^2·K/W；

R_{S2}——换热管内侧的污垢热阻，m^2·K/W。

用本装置进行实验时，管内冷流体与管壁间的对流给热系数约为几十到几百 W/(m^2·K)；而管外为蒸汽冷凝，冷凝给热系数 α_1 可达 1×10^4W/(m^2·K) 左右，因此冷凝传热热阻 $\frac{d_2}{\alpha_1 d_1}$可忽略，同时蒸汽冷凝较为清洁，因此换热管外侧的污垢热阻 $R_{S1}\frac{d_2}{d_1}$也可忽略。实验中的传热元件材料采用紫铜，热导率为 383.8W/(m·K)，壁厚为 2.5mm，因此换热管壁的导热热阻$\frac{bd_2}{\lambda d_m}$可忽略。若换热管内侧的污垢热阻 R_{S2}也忽略不计，则由式(3-35) 得

$$\alpha_2\approx K \tag{3-36}$$

因此，只要在实验中测得冷、热流体的温度及空气的流量，即可通过热量衡算及传热速率方程，求出套管换热器的总传热系数 K 值，由此求得空气传热膜系数。

4. 努塞尔数和雷诺数的计算

$$Re=\frac{du\rho_1}{\mu}=\frac{dV\rho_1}{\frac{\pi}{4}d^2\mu}=\frac{V\rho_1}{\frac{\pi}{4}d\mu} \tag{3-37}$$

$$Nu=\frac{\alpha d}{\lambda}=\frac{Kd}{\lambda}=\frac{V\rho c_p(t_2-t_1)d}{\lambda S\Delta t_m} \tag{3-38}$$

式中 α——空气的给热系数，W/(m^2·℃)；

λ——定性温度下空气的热导率，W/(m·℃)；

ρ——定性温度下空气的密度，kg/m^3；

μ——定性温度下空气的黏度，Pa·s；

d——套管换热器的内管平均直径，m；

Δt_m——对数平均温差，℃。

$$T_1\approx T_{w1}\approx t_{w1}；\ T_2\approx T_{w2}\approx t_{w2}$$

由于热阻主要集中在空气一侧，本实验的传热面积 S 取管子的内表面较为合理，即

$$S=\pi dl \tag{3-39}$$

5. 作图法求解特征数关联式

用 Nu 和 Re 在双对数坐标纸上作图，然后在直线上取点，并取对数求出 m 和 C ($\lg Nu=m\lg Re+\lg C$)，得出特征数关联式，与流体在直管内强制对流时的给热系数的半经验式作比较

湍流时：
$$\alpha_i = 0.023\frac{\lambda}{d_i}Re^{0.8}Pr^{0.4} \tag{3-40}$$

式中 α_i——流体在直管内强制对流时的给热系数，W/(m² · ℃)；

λ——流体的热导率，W/(m · ℃)；

d_i——内管内径，m；

Re——流体在管内的雷诺数；

Pr——流体的普朗特数。

定性温度：均为流体的平均温度，即 $t=(t_1+t_2)/2$。

6. 冷流体物性与温度的关系式

在 0～100℃之间，冷流体的物性与温度的关系有如下拟合公式。

① 空气的密度与温度的关系式：$\rho=10^{-5}t^2-4.5\times10^{-3}t+1.2916$

② 空气的比热容与温度的关系式：60℃以下 $c_p=1005$J/(kg · ℃)，

70℃以上 $c_p=1009$J/(kg · ℃)。

③ 空气的热导率与温度的关系式：$\lambda=-2\times10^{-8}t^2+8\times10^{-5}t+0.0244$

④ 空气的黏度与温度的关系式：$\mu=(-2\times10^{-6}t^2+5\times10^{-3}t+1.7169)\times10^{-5}$

四、实验装置与流程

1. 实验装置与流程

空气-水蒸气换热实验流程如图 3-4 所示。

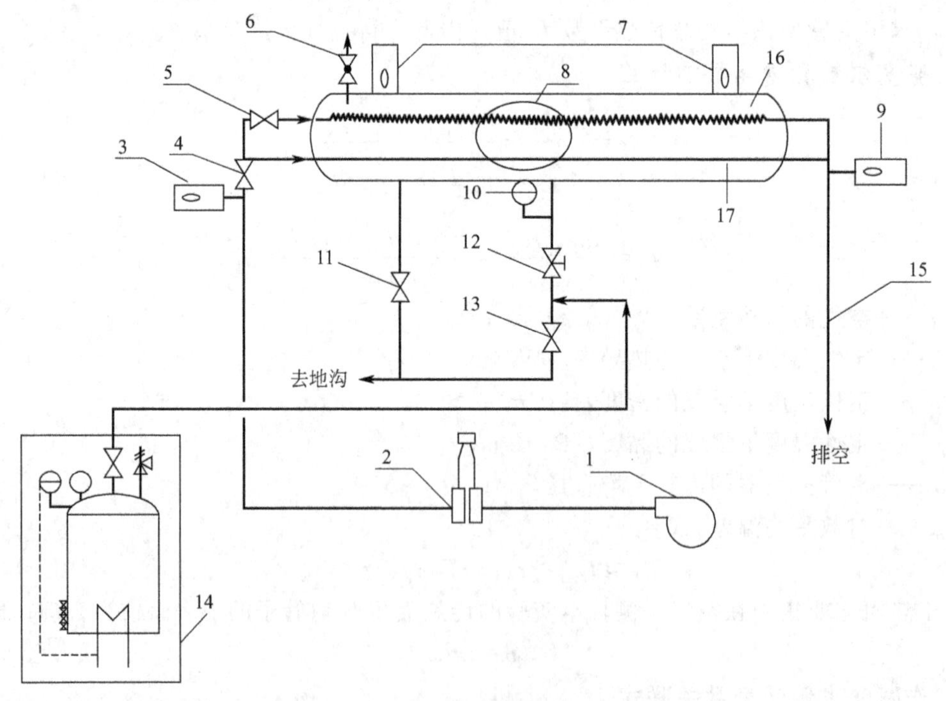

图 3-4 空气-水蒸气换热实验流程

1—风机；2—孔板流量计；3—冷流体进口温度计；4、5—冷空气进口阀；6—惰性气体排空阀；7—蒸汽温度计；8—视镜；9—冷流体出口温度计；10—压力表；11—冷凝水排空阀；12—蒸汽进口阀；13—冷凝水排空阀；14—蒸汽发生器；15—冷流体出口管路；16—紫铜管（内含翅片）；17—普通不锈钢管

来自蒸汽发生器的水蒸气进入不锈钢套管换热器环隙，与来自风机的空气在套管换热器内进行热交换，加热后的空气和冷凝水排出装置外，其中冷凝水排入地沟。

2. 设备与仪表规格

① 紫铜管（内含翅片）规格：直径 ϕ21mm×2.5mm，长度 L=1000mm。

② 外套不锈钢管规格：直径 ϕ100mm×5mm，长度 L=1000mm。

③ 铂热电阻及无纸记录仪温度显示。

④ 全自动蒸汽发生器及蒸汽压力表。

3. 实验条件

实验台蒸汽压力控制在 0.01MPa。

五、实验步骤与注意事项

1. 实验步骤

① 打开控制面板上的总电源开关，打开仪表电源开关，使仪表通电预热，观察仪表显示是否正常。

② 打开蒸汽发生器的进水阀，开启蒸汽发生器电源，达到符合条件的蒸汽压力后，系统会自动处于保温状态。

③ 打开控制面板上的风机电源开关，打开阀 4 或阀 5（选哪个管开对应的阀)，使套管换热器里充有一定量的空气。

④ 打开阀 11、阀 12 和阀 13，排出上次实验残留的冷凝水，然后关闭阀 11、阀 12 和阀 13。

⑤ 在通水蒸气前，也应将蒸汽发生器到实验装置之间的管道中的冷凝水排出，否则夹带冷凝水的蒸汽会损坏压力表及压力变送器。具体排出冷凝水的方法是：关闭蒸汽进口阀，打开装置下面的冷凝水排空阀，让蒸汽压力把管道中的冷凝水带走，当听到蒸汽响时关闭冷凝水排空阀，然后进行下一步实验。

⑥ 预热套管换热器。打开阀 12，套管中有蒸汽出来后关闭阀 12，如此重复多次，使玻璃套管受热均匀，预热大概需要 10min。注意：蒸汽压力表的压力不能超过 0.01MPa，否则会引起玻璃套管破裂。

⑦ 当完成套管换热器的预热工作后，打开蒸汽进口阀 12，把蒸汽压力调整至 0.01MPa 左右，保持此蒸汽压力不变，打开阀 11，并保持一定开度，以使套管中的水排出（以有少量的气体排出为宜)。注意阀门的开度适中，开度太大会使换热器中的蒸汽跑掉，开度太小会使换热不锈钢管里的蒸汽压力过大而导致不锈钢管炸裂。同时，使阀 6 保持微小开度，以排出惰性气体。

⑧ 调节冷流体量到一定值（控制面板在 M 状态下，可调节冷空气流量)，等稳定后记录实验数据；改变流量，记录不同流量下的实验数据。

⑨ 记录 6～8 组实验数据后，可结束实验。先关闭蒸汽发生器，关闭蒸汽进口阀 12，关闭仪表电源，待系统逐渐冷却后关闭风机电源，待冷凝水流尽，关闭冷凝水出口阀，关闭总电源。

2. 注意事项

① 一定要在套管换热器内管通入一定量的空气并排出蒸汽管线上原先积存的冷凝水后再开启蒸汽进口阀，通入蒸汽。

② 刚开始通入蒸汽时，要仔细调节蒸汽进口阀的开度，让蒸汽徐徐流入换热器中，逐

渐加热，由“冷态”转变为“热态”，加热时间不得少于10min，以防止不锈钢管因突然受热、受压而爆裂。

③ 操作过程中，蒸汽压力必须控制在0.01MPa（表压）以下，以免对装置造成损坏。

④ 确定各参数时必须是在稳定传热状态下，要随时注意惰性气体的排放和压力表计数的调整。

六、实验记录表与数据结果表

设备编号：________　管型：________　管长：________　蒸汽压力：________

数据记录表与数据结果表如表3-8和表3-9所示。

表3-8　对流给热系数测定实验数据记录表

管型	序号	流量 /(m^3/h)	空气进口温度 t_1/℃	空气出口温度 t_2/℃	蒸汽进口温度 T_1/℃	蒸汽出口温度 T_2/℃
光滑管						
强化管						

表3-9　对流给热系数测定实验数据结果表

序号	V /(m^3/h)	t_m /℃	λ /[W/(m·℃)]	μ /Pa·s	ρ /(kg/m^3)	Δt_m	α /[W/(m^2·℃)]	K /[W/(m^2·℃)]	Re	Nu

七、实验报告

1. 计算光滑管和螺旋槽管的空气传热膜系数，并列出计算示例。
2. 在双对数坐标纸上标绘光滑管和螺旋槽管的 $Nu \sim Re$ 关联图线。
3. 计算特征数关联式的待定参数 C、m。
4. 将实验结果整理成关联式。
5. 比较两种管型的结果，并得出结论。

八、思考题

1. 实验中空气和蒸汽的流向对传热效果有何影响？
2. 蒸汽冷凝过程中，若存在不凝性气体，对传热有何影响？应采取什么措施？
3. 实验过程中，冷凝水不及时排走会产生什么影响？如何及时排走冷凝水？
4. 实验中，所测定的壁温是靠近蒸汽侧温度还是空气侧温度？为什么？
5. 如果采用不同压力的蒸汽进行实验，对 α 关联式有何影响？

实验五　筛板精馏塔理论板数及塔效率的测定

一、实验目的

1. 了解精馏装置的基本流程及操作方法。
2. 掌握精馏塔全塔效率的测定方法。
3. 研究回流比、空塔速度等操作参数对精馏塔的影响。

二、实验任务

1. 测定指定条件下的全塔效率。
2. 研究回流比的改变对全塔效率的影响。
3. 研究塔釜汽化量的改变对塔性能的影响。

三、基本原理

1. 理论板数 N_T 和总板效率 E_T 的测定

理论板是指离开该塔板的气液两相达到平衡的塔板。一个给定的精馏塔，其实际板数是一定的，测出的理论板数与塔的总板效率的关系如下

$$E_T = \frac{N_T}{N_P} \times 100\% \tag{3-41}$$

式中　E_T——总板效率；

N_T——理论板数；

N_P——实际板数。

影响 E_T 的因素很多，有操作因素、设备结构因素和物系因素三类。某塔在某回流比下测得的全塔效率，只能代表该实验的全部条件同时存在时的全塔效率的值。如果塔的结构因素固定、物系相同，影响全塔效率的因素主要是操作因素，而回流比的大小是操作因素中最

重要的因素。

当回流比一定时理论板数的测定可用逐板计算法和图解法求出，通常采用图解法。步骤如下：

① 在直角坐标系中绘出待分离混合液的 $x \sim y$ 平衡曲线，并作出对角线。

② 根据确定的回流比作精馏段操作线，方程式如下

$$y_{n+1}=\frac{R}{R+1}x_n+\frac{x_D}{R+1} \tag{3-42}$$

式中　y_{n+1}——精馏段内第 $n+1$ 块板上升蒸气中易挥发组分的组成（摩尔分数）；

x_n——精馏段内第 n 块板下降的液体中易挥发组分的组成（摩尔分数）；

x_D——塔顶产品组成；

R——回流比；

$$R=\frac{L}{D} \tag{3-43}$$

L——精馏段内液体回流量，kmol/h 或 mol/s；

D——塔顶馏出液量，kmol/h 或 mol/s。

③ 在直角坐标系中绘出 q 线，q 线与精馏段操作线相交。

$$y=\frac{q}{q-1}x-\frac{x_F}{q-1} \tag{3-44}$$

式中　x_F——进料中易挥发组分的组成（摩尔分数）；

q——进料热状况参数。

$$q=\frac{\text{1kmol 进料变成饱和蒸气所需的热量}}{\text{进料的潜热}} \tag{3-45}$$

对于泡点进料，$q=1$；冷液进料，$q>1$。

④ 由塔底产品浓度 x_w 作出点（x_w，x_w），与精馏段操作线和 q 线的交点相连，作提馏段操作线。

⑤ 从（x_D，x_D）点开始，在精馏段操作线和平衡线之间作水平线与垂直线，构成直角梯级。当直角梯级跨过精馏段与提馏段操作线的交点时，改在提馏段操作线与平衡线之间作直角梯级，直至梯级的垂直线达到或跨过（x_w，x_w）点为止。所绘的梯级数，就是理论板数。

2. 操作因素对塔性能的影响

对精馏塔而言，操作因素主要是回流比的选择、塔内空气速度和进料热状况等。

(1) 回流比的影响

对于一个给定的塔，回流比的改变，将会影响产品的浓度、产量、塔效率和加热蒸汽消耗量等。

适宜的回流比 R 应该在小于全回流而大于最小回流比的范围内，通过经济衡算且满足产品质量要求来决定。

(2) 空塔速度的影响

塔内蒸气速度通常用空塔速度来表示。

$$u=\frac{V_s}{\frac{\pi}{4}d^2} \tag{3-46}$$

式中　u——空塔速度，m/s；

V_s——上升蒸气的体积流量，m^3/s。

对于精馏段：

$$V=(R+1)D$$

$$V_s=22.4(R+1)D\frac{p_0T}{pT_0} \tag{3-47}$$

对于提馏段：

$$V'=V+(q-1)F \tag{3-48}$$

式中 V'——提馏段上升蒸气量，kmol/s。

$$V_s=22.4V'\frac{p_0T}{pT_0} \tag{3-49}$$

可见，即使塔径相同，精馏段和提馏段的蒸气速度也不一定相等。

空塔速度与精馏塔关系密切。适当地选用较高的空塔速度不仅可以提高塔板效率，而且可以增大塔的生产能力。但是，如果速度过大，则会引起雾沫夹带，而且由于减少了气液两相接触时间使得塔板效率下降，甚至产生液泛而被迫停止运行。因而要根据塔的结构及物料性质，选择适当的空塔速度。

四、实验装置与流程

本实验装置的主体设备是筛板精馏塔，配套的设备有加料系统、回流系统、产品出料管路、残液出料管路、进料泵和一些测量与控制仪表。

筛板塔主要结构参数：塔内径 $D=68mm$，厚度 $\delta=2mm$，塔节 $\phi76mm\times4mm$，塔板数 $N=16$ 块，板间距 $H_T=100mm$。加料位置为由下向上数第 4 块板和第 6 块板。降液管采用弓形，齿形堰，堰长 56mm，堰高 7.3mm，齿深 4.6mm，齿数 9 个。降液管底隙 4.5mm。筛孔直径 $d_0=1.5mm$，正三角形排列，孔间距 $t=5mm$，开孔数为 74 个。塔釜为内电加热式，加热功率为 2.5kW，有效容积为 10L。塔顶冷凝器、塔釜换热器均为盘管式。

本实验料液为乙醇水溶液，精馏过程如图 3-5 所示。

五、实验步骤与注意事项

1. 实验步骤

(1) 全回流操作

① 开启控制面板总电源，开启仪表电源开关，检查显示是否正常。

② 检查塔釜是否有足够料液（液位在 2/3～3/4 之间），如塔釜液量不足，“启动”进料泵，保持进料泵前后阀门处于全开状态，当液位符合要求后“停止”进料；如果塔釜液量足够，可直接加热；若塔釜液位过高，可从塔釜下端放出部分釜液。

③ 开始“加热”，旋转控制面板“过程显示控制”面板右下角的按钮至“加热”一侧，逐步增加加热电压（控制面板中加热范围一般在 60%～90%之间），使塔釜温度缓慢上升（因塔中部玻璃部分较为脆弱，若加热过快玻璃极易碎裂，使整个精馏塔报废，故升温过程应尽可能缓慢）。

④ 打开塔顶冷凝器的冷却水，调节至合适的冷凝量后关闭塔顶出料管路，使整个塔处于全回流状态（全回流状态无进料无出料，塔顶回流液量处于最大）。当塔顶温度、回流量和塔釜温度稳定后，分别测定塔顶浓度 x_D 和塔釜浓度 x_W。

(2) 部分回流操作

① 在原料罐中配制一定浓度的乙醇水溶液（约 10%～20%）。

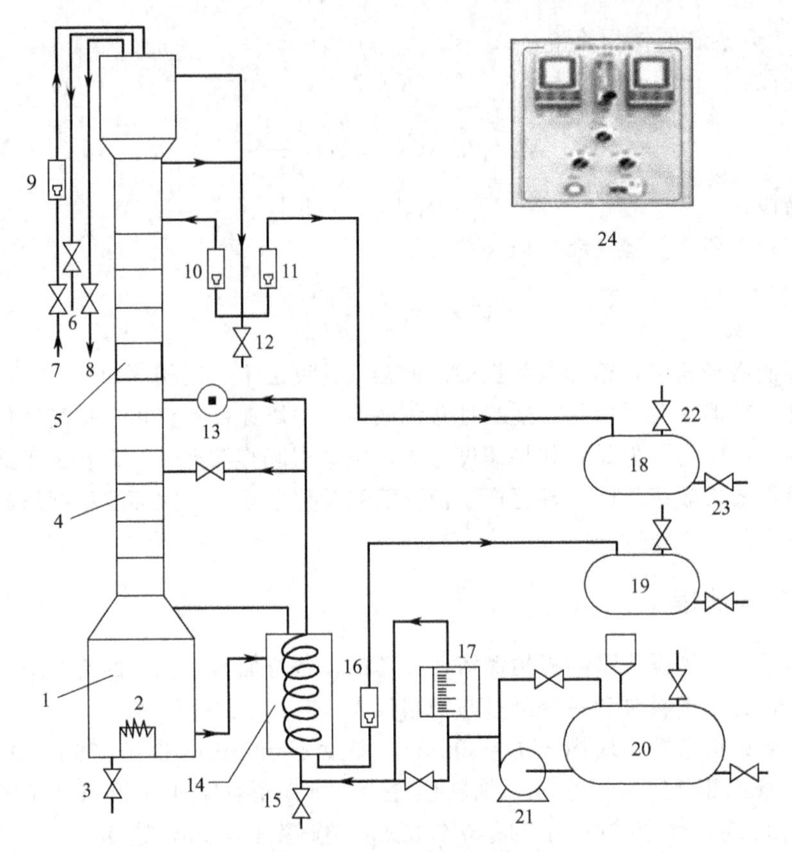

图 3-5　精馏实验装置流程

1—塔釜；2—电加热器；3—釜液取样阀；4—塔节；5—玻璃视镜；6—不凝性气体出口；7—冷却水进口；8—冷却水出口；9—冷却水流量计；10—塔顶回流液流量计；11—塔顶出料液流量计；12—塔顶出料取样口；13—进料阀（电磁阀）；14—换热器；15—进料液取样口；16—塔釜残液流量计；17—进料液流量计；18—产品罐；19—残液罐；20—原料罐；21—进料泵；22—排空阀；23—排液阀；24—控制面板

② 待塔全回流操作稳定时（塔顶温度基本在 78～80℃之间），打开进料阀，旋转控制面板“过程显示控制”面板右下角的按钮至“计量泵”一侧，调节至适当的流量（一般在 4.5～7.5L/h），并根据塔顶出料液流量计调节回流流量，确定回流比。

③ 打开塔釜残液流量计，调节流量使精馏塔釜内液面恒定。

④ 当塔顶、塔内温度读数以及流量都稳定后即可取样。

（3）取样

① 操作稳定后（精馏塔内蒸汽压力及塔顶温度不变），开始取样分析，注意塔顶、塔釜同时取样，取液量约 150mL，待样品冷却到室温后，用酒精计进行产品浓度分析。

② 实验完毕后，停止加热，并关闭进料、出料和塔釜出料阀门。待运转一段时间后，关闭冷却水阀停止向冷凝器供水，阀门不得过早关闭，以免酒精损失。

2. 注意事项

① 塔顶放空阀一定要打开，否则容易因塔内压力过大导致危险。

② 打开加热电源前，一定要检查塔釜中的物料是否达到塔釜液面的 2/3～3/4 位置，否则要对塔釜加料，不然会把塔釜的加热器烧坏。

③ 取样时，要缓慢打开取样旋塞，以免烫伤。

六、实验记录表与数据结果表

设备编号：________ 塔板数：________ 塔顶温度：________ 塔釜温度：________

回流温度：________ 进料温度：________ 塔板温度：________ 进料流量：________

冷却水出口温度：________ 冷却水进口温度：________ 回流流量：________

产品流量：________ 塔底流量：________

精馏实验数据记录与结果表见表 3-10。

表 3-10 精馏实验数据记录与结果表

序号	原料液				塔顶产品				塔釜液				回流		q	全塔效率
	温度/℃	酒精计示值 V（20℃）/%	质量分数/%	摩尔分数 x_F	温度/℃	酒精计示值 V（20℃）/%	质量分数/%	摩尔分数 x_D	温度/℃	酒精计示值 V（20℃）/%	质量分数/%	摩尔分数 x_W	回流量	回流比		

七、实验报告

1. 将塔顶、塔底温度和组成，以及各流量计读数等原始数据列表。
2. 用图解法计算理论板数。
3. 计算全塔效率。
4. 分析并讨论实验过程中观察到的现象。

八、思考题

1. 其他条件都不变，只改变回流比，塔性能会产生什么变化？
2. 其他条件都不变，只改变釜内汽化量，塔性能会产生什么变化？
3. 进料板位置是否可以任意选择？选择不当将会产生什么影响？
4. 为什么酒精精馏采用常压操作而不采用加压操作或真空操作？
5. 将本塔适当加高，是否可以得到无水酒精？为什么？
6. 试分析实验成功或失败的原因，并提出改进意见。

实验六 填料塔吸收系数的测定及在线分析

一、实验目的

1. 了解填料塔的基本结构。
2. 了解不同类型填料的构造及性能。
3. 掌握气相、液相总传质系数（K_Xa 或 K_Ya）和 H_{OL}、N_{OL}的测定方法。
4. 了解空塔气速和液体喷淋密度对总吸收传质系数的影响。
5. 了解气相色谱仪在线检测技术和气相色谱仪的使用方法。

二、实验任务

1. 测定填料层压降与操作气速的关系，确定填料塔在某液体喷淋量下的液泛气速。

2. 测定填料塔规定操作条件下的总吸收传质系数。

3. 综合不同类型填料的实验结果，分析不同操作条件对吸收传质系数和吸收率的影响。

三、基本原理

1. 气体通过填料层的压降

压降是塔设计中的重要参数，气体通过填料层的压降大小决定了塔的动力消耗。压降与气液流量有关，不同喷淋量下填料层的压降 Δp 与气速 u 的关系如图 3-6 所示。

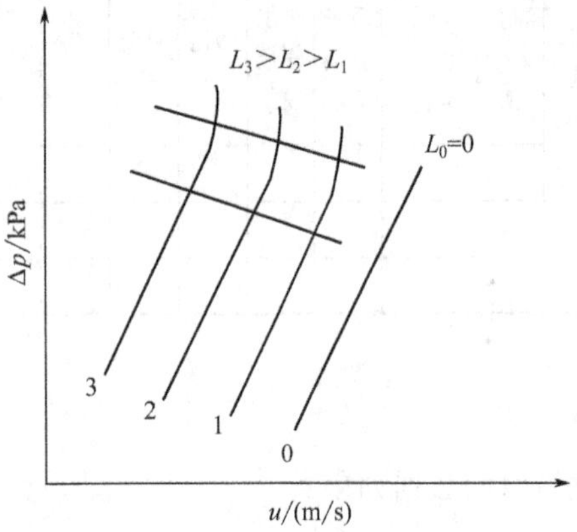

图 3-6　填料层的 $\Delta p \sim u$ 关系

当无液体喷淋即喷淋量 $L_0=0$ 时，干填料的 $\Delta p \sim u$ 关系是直线，如图中的直线 0。当有一定的喷淋量时，$\Delta p \sim u$ 的关系变成折线，并存在两个转折点，下转折点称为“载点”，上转折点称为“泛点”。这两个转折点将 $\Delta p \sim u$ 关系分为三个区段：恒持液量区、载液区与液泛区。

填料的类型（不锈钢）：拉西环、鲍尔环、e 环、矩鞍环、共轭环、波纹规整填料等。

气体吸收是典型的传质过程之一。由于 CO_2 气体无味、无毒、廉价，所以气体吸收实验常选择 CO_2 作为溶质组分。本实验采用水吸收空气中的 CO_2 组分。一般将配置的原料气中的 CO_2 浓度控制在 10%以内，所以吸收的计算方法可按低浓度来处理。又因为 CO_2 在水中的溶解度很小，所以此体系 CO_2 气体的吸收过程属于液膜控制过程。因此，本实验主要测定 K_Xa 和 H_{OL}。

2. 吸收过程计算公式

（1）吸收率

$$\eta=1-\frac{Y_2}{Y_1} \tag{3-50}$$

式中　Y_1、Y_2——CO_2 进塔、出塔浓度（物质的量比），通过气相色谱定量分析获得（通过换算）。

（2）填料层高度 Z

$$Z=\int_0^Z \mathrm{d}Z=\frac{L}{K_Xa\Omega}\int_{X_2}^{X_1}\frac{\mathrm{d}X}{X-X^*}=H_{OL}N_{OL} \tag{3-51}$$

式中　L——液体通过塔截面的摩尔流量，kmol/s；

K_Xa——以 X^*-X 为推动力的液相总吸收传质系数，kmol/(m^3·s)；

H_{OL}——液相总传质单元高度，m；

N_{OL}——液相总传质单元数；

Ω——塔截面积，m^2。

（3）传质单元数 N_{OL}（对数平均推动力法）

$$N_{OL}=\frac{1}{1-A}\ln\left[(1-A)\frac{Y_1-mX_2}{Y_1-mX_1}+A\right] \tag{3-52}$$

$$A=\frac{L}{mV}$$

式中　m——相平衡常数，$m=E/p$；

E——亨利系数，$E=f(t)$，Pa，根据液相温度查得；

p——总压（绝对压强），Pa。

（4）总吸收传质系数 K_Xa 或 K_Ya

$$K_Xa=\frac{LN_{OL}}{Z\Omega}\quad \mathrm{kmol/(m^3\cdot s)} \tag{3-53}$$

液相总吸收传质系数（K_Xa）与气相总吸收传质系数（K_Ya）之间的换算关系为

$$K_Xa=mK_Ya \tag{3-54}$$

（5）吸收 CO_2 后水的浓度 X_1（出塔浓度）

本实验用清水进料吸收 CO_2，$X_2=0$，由全塔物料衡算可得 X_1。

$$G(Y_1-Y_2)=L(X_1-X_2) \tag{3-55}$$

式中　X_1、X_2——分别为出、进塔液相中溶质的物质的量比；

Y_1、Y_2——分别为进、出塔气相中溶质的物质的量比；

G——通过吸收塔的惰性气体流量，kmol/s；

L——通过吸收塔的吸收剂流量，kmol/s。

四、实验装置与流程

1. 实验装置

本实验装置流程（见图 3-7）：将自来水送入填料塔塔顶，经喷头向下喷淋在填料顶层。

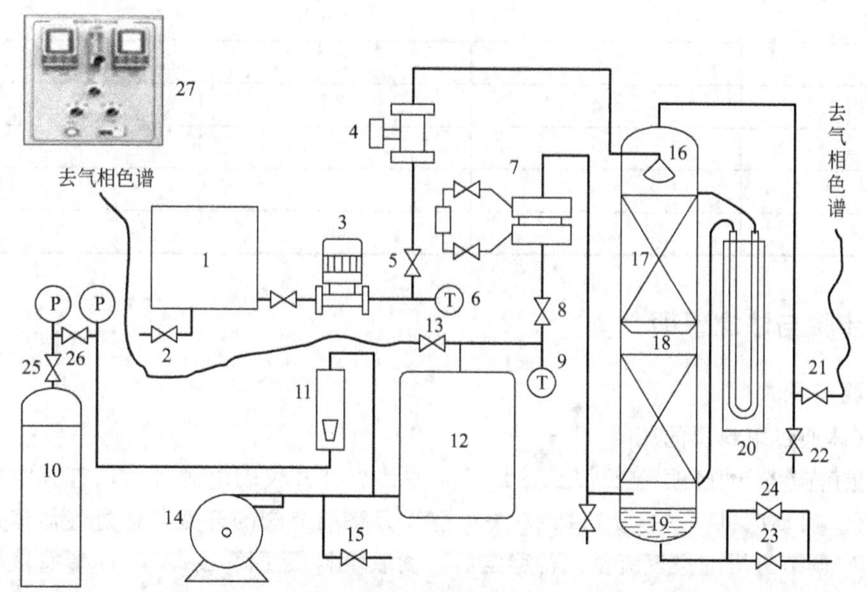

图 3-7　吸收装置流程

1—水箱；2—排水阀；3—水泵；4—涡轮流量计；5—液体进口阀；6—液体温度计；7—孔板流量计；8—气体进口阀；9—气体温度计；10—二氧化碳钢瓶；11—二氧化碳流量计；12—气体混合罐；13—进塔气体取样阀；14—风机；15—风机旁路；16—喷淋头；17—填料层；18—液体再分布器；19—塔底液封；20—U形压差计；21—出塔气体取样阀；22—气体出口阀；23、24—液位控制阀；25—二氧化碳钢瓶总阀；26—二氧化碳减压阀；27—控制面板

由风机送来的空气和由二氧化碳钢瓶送来的二氧化碳混合后，一起进入气体混合罐，然后再进入塔底，与水在塔内进行逆流接触，进行质量和热量的交换，由塔顶出来的尾气放空。由于本实验为低浓度气体的吸收，所以热量交换可忽略，整个实验过程可看成是等温操作。

2. 主要设备参数

① 吸收塔：高效填料塔，塔径 100mm，塔内装有金属丝网波纹规整填料或 θ 环散装填料，填料层总高度 2000mm。塔顶有液体初始分布器，塔中部有液体再分布器，塔底部有栅板式填料支承装置。填料塔底部有液封装置，以避免气体泄漏。

② 金属丝网波纹规整填料规格和特性：型号 JWB-700Y，规格 ϕ100mm×100mm，比表面积 $700m^2/m^3$。

③ 转子流量计：使用条件见表 3-11。

表 3-11 转子流量计使用条件

介质	条件			
	常用流量	最小刻度	标定介质	标定条件
CO_2	2L/min	0.2 L/min	CO_2	20℃，1.0133×10^5Pa

④ 气相色谱分析仪。

3. 实验操作条件

实验操作条件见表 3-12。

表 3-12 实验操作条件

序号	空气流量/(m^3/h)	水流量/(L/h)	二氧化碳流量/(L/h)
1	4.0	450	120
2	4.0	400	120
3	4.0	350	120
4	3.0	450	120
5	3.0	400	120
6	3.0	350	120

五、实验步骤与注意事项

1. 实验步骤

(1) 气体通过填料层的压降

① 测量解吸塔干填料层 $(\Delta p/Z)\sim u$ 关系曲线。打开仪表电源开关，打开空气旁路调节阀至全开。启动风机（“自动”挡），关小空气旁路调节阀的开度。通过气体流量控制仪（SUPCON）调节进塔的空气流量。待稳定后，读取填料层压降 Δp，即 U 形管液柱压差计的数值，并记录。空气流量（对应流速 u）从小到大共测定 8～10 组数据。在对数坐标纸上标绘干填料层 $(\Delta p/Z)\sim u$ 关系曲线。

② 测量吸收塔在一定喷淋量下填料层 $(\Delta p/Z)\sim u$ 关系曲线。启动水泵（“自动”挡），通过液体流量控制仪（SUPCON）调节水流量至固定值。然后采用①中步骤调节空气流量，稳定后读取并记录填料层压降 Δp、转子流量计读数和流量计处所显示的空气温度。操作中

随时注意观察塔内现象，一旦出现液泛，立即记下对应的空气转子流量计读数。根据实验数据在对数坐标纸上标出液体喷淋量为固定值时的（$\Delta p/Z$）～u 关系曲线，并在图上确定液泛气速，与观察到的液泛气速相比较。

（2）吸收塔的操作

① 熟悉实验流程并弄清气相色谱仪及其配套仪器的结构、原理、使用方法和注意事项。

② 打开仪表盘电源开关，进行仪表自检。

③ 打开气体混合罐的排空阀，排放掉其中的冷凝水。

④ 启动水泵（“自动”挡），通过液体流量控制仪（SUPCON），调节水流量，使其稳定在某一实验值。

⑤ 启动风机（“自动”挡），通过气体流量控制仪（SUPCON），调节进塔的空气流量，使其稳定在某一实验值。

⑥ 塔底液封控制：仔细调节阀门的开度，使塔底液位缓慢地在一段区间内变化，以免塔底液封过高溢满或过低泄气。

⑦ 打开 CO_2 钢瓶总阀，并缓慢调节钢瓶的减压阀（注意减压阀的开关方向与普通阀门的开关方向相反，顺时针为开，逆时针为关），使其压力稳定在 0.1MPa 压力范围。

⑧ 调节 CO_2 流量计的流量，使其稳定在某一值。

⑨ 为使塔中的压力接近某一实验值（在 0.005～0.01MPa 范围内确定），要仔细调节气体出口阀 22 的开度，直至塔中压力稳定在实验值。

⑩ 待塔的操作条件稳定后（约 15min），读取各流量计的读数及温度、压力并记录数据，并用气相色谱分析进、出塔气体的浓度。

⑪ 分析原料气和尾气时，打开进、出塔气体取样阀（阀 13 或阀 21），然后通过六通阀在线进样，“进样”1～2s 后转至“分析”，利用气相色谱仪多次分析原料气、尾气的组成（取两组接近的数据，其误差应＜5%），并记录空气和 CO_2 的含量。

⑫ 实验结束后，关闭 CO_2 钢瓶总阀和转子流量计、关闭水泵开关、关闭风机开关，再关闭仪表电源，清理实验仪器和实验场地。

（3）气相色谱（SP-6890 型号）操作

开机：先打开载气（氢气）钢瓶总阀，然后调节减压阀至氢气压力为 0.3MPa，等待 2min 后，打开色谱电源开关（柱箱温度、分析方法等参数已设定，无须更改），待柱箱温度达到设置值后，打开 TCD 电源开关。打开色谱工作站（N2000），勾选“通道 1”，选择“数据采集”，检查基线，将电压范围设置为 −50～500，时间范围设置为 5min。在上述实验步骤⑪六通阀转至“分析”时，点击“采集数据”，直至分析完成。

关机：先关 TCD 电源开关，再关色谱电源开关，待温度降至 80℃后关闭载气总阀和减压阀。

2. 注意事项

① 固定好操作点后，应随时注意调整以保持各量不变。

② 在填料塔操作条件改变后，需要有较长的稳定时间，一定要等到稳定以后方能读取有关数据。

六、实验记录表与数据结果表

设备编号：__________　填料规格：__________　压力：__________

数据记录表和数据结果表如表3-13和表3-14所示。

表3-13　吸收传质系数测定实验数据记录表

序号	空气/(m^3/h)	CO_2/(L/h)	水/(L/h)	进塔CO_2含量(体积分数)/%	出塔CO_2含量(体积分数)/%	塔内压差/Pa	气温T_1/℃	液温T_2/℃	操作压力/MPa
1									
2									
平均									
…									
…									

表3-14　吸收传质系数测定实验数据结果表

序号	Y_1	Y_2	X_1	X_2	G	L	H	p	K_Xa	N_{OL}	H_{OL}	φ_A

七、实验报告

1. 将不同条件下的实验原始数据列表。
2. 计算总体积传质系数、传质单元高度、传质单元数和吸收率。
3. 列出各实验条件下的实验结果与计算示例。
4. 比较不同条件下的结果并得出结论。

八、思考题

1. 本实验中，为什么塔底要有液封？液封高度如何计算？
2. 测定K_Xa有什么工程意义？
3. 为什么二氧化碳吸收过程属于液膜控制过程？
4. 当气体温度和液体温度不同时，应用什么温度计算亨利系数？

实验七　干燥曲线与速率曲线的测定

一、实验目的

1. 了解常压厢式干燥装置的基本结构、工艺流程和操作方法。
2. 学习测定物料在恒定干燥条件下干燥特性的实验方法。
3. 掌握根据实验干燥曲线求取干燥速率曲线以及恒速阶段干燥速率、临界含水量、平衡含水量的实验分析方法。
4. 实验研究干燥条件对于干燥过程特性的影响。
5. 了解测控技术在化工中的应用。

二、实验任务

1. 测定物料在恒定干燥工况条件下的干燥曲线和速率曲线。
2. 研究风速对物料干燥曲线和速率曲线的影响。
3. 研究气流温度对物料干燥曲线和速率曲线的影响。

三、基本原理

按干燥过程中空气状态参数是否变化，可将干燥过程分为恒定干燥条件操作和非恒定干燥条件操作两大类。若用大量空气干燥少量物料，则可以认为湿空气在干燥过程中温度、湿度均不变，再加上气流速度、与物料的接触方式不变，可称这种操作为恒定干燥条件下的干燥操作。

1. 干燥速率的定义

干燥速率的定义为单位干燥面积（提供湿分汽化的面积）、单位时间内除去的水分质量。即

$$U=\frac{\mathrm{d}W}{A\,\mathrm{d}\tau}=-\frac{G_{\mathrm{c}}\,\mathrm{d}X}{A\,\mathrm{d}\tau} \tag{3-56}$$

式中 U——干燥速率，又称干燥通量，kg/(m^2 · s)；

A——干燥表面积，m^2；

W——汽化的水分质量，kg；

τ——干燥时间，s；

G_{c}——绝干物料质量，kg；

X——干基含水量，kg 水/kg 干料，负号表示 X 随干燥时间增加而减少。

湿物料和热空气接触时，被预热升温并开始干燥。在恒定干燥条件下，当水分在表面的汽化速率小于或等于从物料内层向表层迁移的速率时，物料表面仍被水分完全润湿，干燥速率保持不变，此阶段称为恒速干燥阶段或表面汽化控制阶段。

当物料的含水量降至临界含水量以下时，物料表面仅部分润湿，且物料内部水分向表层的迁移速率低于水分在物料表面的汽化速率时，干燥速率不断下降，称为降速干燥阶段或内部扩散阶段。

2. 干燥速率的测定方法

将湿物料试样置于恒定空气流中进行干燥实验，随着干燥时间的延长，水分不断汽化，湿物料质量减少。持续干燥直到物料质量不变为止，即物料在该条件下达到干燥极限为止，此时留在物料中的水分就是平衡含水量 X^*。再将物料烘干后称重得到绝干物料质量 G_{c}，则物料中瞬时含水量 X 为

$$X=\frac{G-G_{\mathrm{c}}}{G_{\mathrm{c}}} \tag{3-57}$$

计算出每一时刻的瞬时含水量 X，然后将 X 对干燥时间 τ 作图，如图 3-8 所示，即为干燥曲线。

上述干燥曲线还可以变换得到干燥速率曲线。由已测得的干燥曲线求出不同 X 下的斜

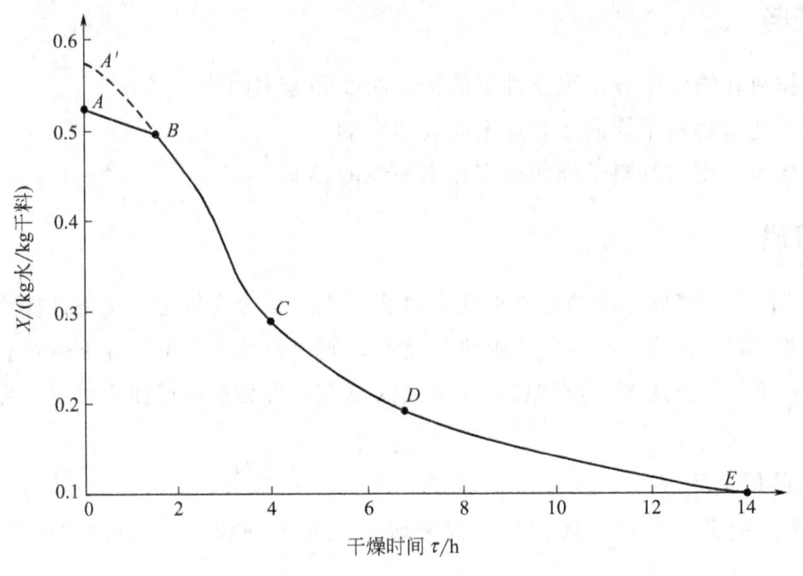

图 3-8　恒定干燥条件下的干燥曲线

率$\frac{dX}{d\tau}$，再由式(3-56) 计算得到干燥速率 U，将 U 对 X 作图，得到干燥速率曲线，如图 3-9 所示。

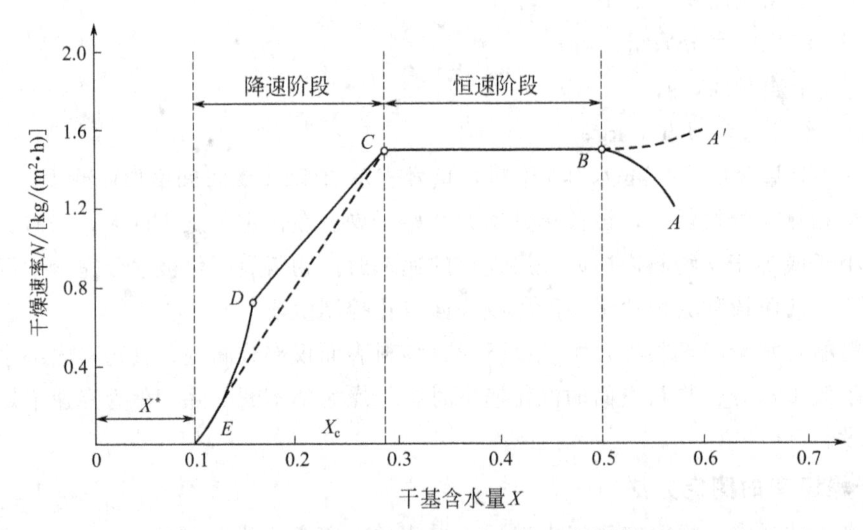

图 3-9　恒定干燥条件下的干燥速率曲线

四、实验装置与流程

1. 装置流程

干燥装置如图 3-10 所示。空气由离心风机送入电加热器，经加热后流入干燥室，加热干燥室中的湿物料后，经管道排入大气中。随着干燥过程的进行，物料失去的水分量由质量传感器转化为电信号显示在智能数显仪表上，以固定的时间间隔读取并记录湿物料质量。放置在质量传感器上的湿毛毡总量为 80g 左右，所以在放入支架时应非常小心，不能使支架转动，以防止过重而损坏质量传感器。

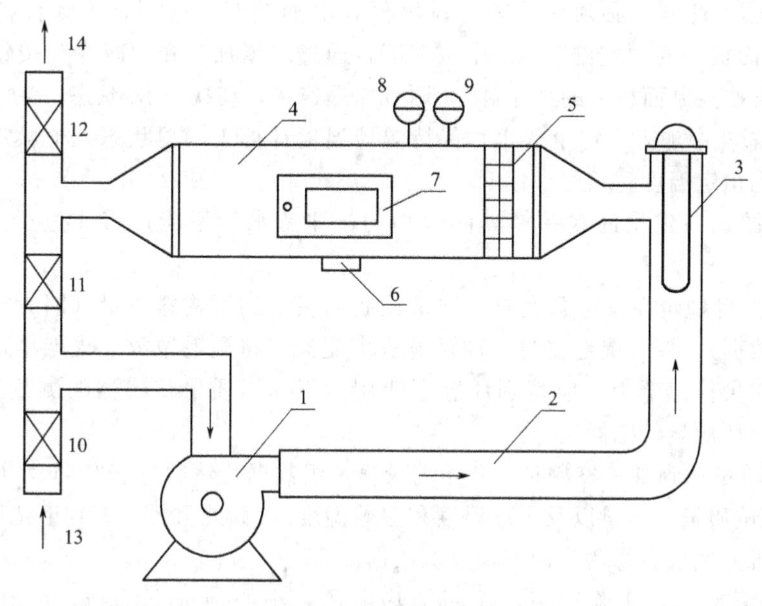

图 3-10　干燥装置流程

1—离心风机；2—管道；3—电加热器；4—厢式干燥器；5—气流均布器；6—质量传感器；7—玻璃视镜门；8—湿球温度计；9—干球温度计；10～12—蝶阀；13—进风口；14—出风口

2. 主要设备及仪器

① 离心风机：BYF7122，370W。

② 电加热器：额定功率 4.5kW。

③ 干燥室：180mm×180mm×1250mm。

④ 干燥物料：湿毛毡（90mm×100mm×5mm）。

⑤ 质量传感器：CZ1000 型，0～400g，精度 0.1g。

⑥ 仪表控制台。

3. 实验操作条件（表 3-15）

表 3-15　实验操作条件

设备序号	温度/℃	流量/(m^3/h)
1	65	120
2	60	140
3	65	140
4	60	120
5	55	140
6	55	120

五、实验步骤与注意事项

1. 实验步骤

① 实验前应记录绝干物料的质量。

② 开启总电源，开启仪表电源；打开阀 10 和阀 12，开启离心风机电源。

③ 开启加热（注意：必须先开离心风机再开电加热器的电源，否则会把电加热器烧坏），长按控制面板上的“左键”，在A状态下，通过“增加”和“减少”按钮设定干燥温度到指定值；长按控制面板上的“左键”，调节加热速率，切换至M状态。注意在干燥过程中，向U形湿漏斗中加入一定量的水，保持湿球温度计处于润湿状态，干燥室温度（干球温度）要求达到恒定温度。

④ 将毛毡加入一定量的水并使其润湿均匀，注意水量不能过多或过少，控制在80g左右。

⑤ 当加热温度稳定在设定温度时，记录控制面板上的湿物料质量（因无清零功能，所以必须记下此数据）。放置湿毛毡时，轻轻地取出支架，将湿毛毡放入支架中，然后将支架小心地放置于质量传感器上，应特别注意不能用力下压（质量传感器的测量上限为400g，用力过大容易损坏质量传感器）。

⑥ 当试样质量达到某一整数时，开始记录第一组数据，然后每蒸发1g水记录一次数据（记录时间、毛毡质量、风量以及干球温度和湿球温度），如此重复，直到毛毡质量基本不变为止。也可以每分钟或者每两分钟记录一次数据。

⑦ 待毛毡恒重时，实验结束，关闭加热电源，小心地取下毛毡，注意保护质量传感器。

⑧ 待干球温度降至室温，关闭离心风机，切断总电源，清理实验设备。

2. 注意事项

① 必须先开离心风机，后开电加热器，否则电加热器可能会被烧坏。

② 取放毛毡时必须十分小心，一定要轻拿轻放，绝对不能下压，以免损坏质量传感器。

③ 实验过程中，不要拍打、碰扣装置面板，以免引起传感器晃动，影响实验结果。

六、实验记录表与数据结果表

设备编号：__________ 纸板规格：__________

毛毡绝干质量：__________ 湿毛毡质量：__________ 干燥表面积：__________

干燥曲线和干燥速率曲线测定实验数据记录表和数据结果表见表3-16和表3-17。

表3-16 干燥曲线和干燥速率曲线测定实验数据记录表

序号	砝码质量/g	干燥时间/s	干球温度 t_1/℃	湿球温度 t_w/℃	风量/(m^3/h)

表 3-17 干燥曲线和干燥速率曲线测定实验数据结果表

序号	$\Delta\tau$/s	τ/s	τ/h	X /(kg 水/kg 干料)	U /[kg/(m² · h)]	X_m /(kg 水/kg 干料)

七、实验报告

1. 将不同条件的实验原始数据和实验结果数据列表。
2. 在同一坐标系中分别绘制干燥曲线（含水量-时间关系曲线）和干燥速率曲线。
3. 读取物料的临界含水量。
4. 对实验结果进行分析讨论。

八、思考题

1. 什么是恒定干燥条件？本实验装置中采用了哪些措施来保持干燥过程在恒定干燥条件下进行？
2. 控制恒速干燥阶段干燥速率的因素是什么？控制降速干燥阶段干燥速率的因素又是什么？
3. 如何判断实验已经结束？
4. 若加大热空气流量，干燥速率曲线有何变化？恒速阶段的干燥速率、临界含水量又如何变化？为什么？

实验八 酒精分离工艺过程操作与控制优化

一、实验目的

1. 熟悉酒精生产过程的工艺。
2. 系统掌握板式塔的操作方法与控制原理。
3. 学会利用所学理论知识去分析分离操作过程中遇到的实际工程问题，并找出解决问题的方法。
4. 通过对系统的经济评价，加强工程经济意识。

二、实验任务

1. 通过给定实验任务进行物料衡算，并确定操作参数，完成规定的产量和技术指标。

2. 进行实验操作，分析实验过程中操作参数对技术和经济指标的影响并作出评价。

三、生产指标

处理能力为 4.5～7.5L/h，乙醇含量 22%～25%（体积分数）。

塔顶产品质量分数≥92%～94%（体积分数）。

乙醇回收率≥95%。

四、经济指标

原料成本：工业下脚料，工业废料，约 500 元/t（18%～25%）。

工业酒精市售参考价：约 5000 元/t（95%）。

能源形式：电能，约 1.0 元/(kW·h)。

冷却剂：水，约 1.50 元/t。

五、现场设备条件

本实验装置的主体设备是筛板精馏塔（见图 3-5），配套的有加料系统、回流系统、产品出料管路、残液出料管路、进料泵和一些测量与控制仪表。换热器冷凝面积是 $0.15m^2$。

筛板塔主要结构参数：塔内径 $D=68$mm，厚度 $\delta=2$mm，塔节 $\phi76$mm×4mm，塔板数 $N=16$ 块，板间距 $H_T=100$mm。加料位置为由下向上数第 4 块板和第 6 块板。降液管采用弓形，齿形堰，堰长 56mm，堰高 7.3mm，齿深 4.6mm，齿数 9 个。降液管底隙 4.5mm。筛孔直径 $d_0=1.5$mm，正三角形排列，孔间距 $t=5$mm，开孔数为 74 个。塔釜为内电加热式，加热功率为 2.5kW，有效容积为 10L。塔顶冷凝器、塔釜换热器均为盘管式。

本实验料液为乙醇水溶液，装置流程图与图 3-5 相同。

六、实验前要求

在接到实验任务后，应根据实验的要求查找有关资料，并完成如下过程，提交设计方案报告。

1. 进行工艺计算

①全塔物料衡算；②确定精馏塔的工艺操作参数。

2. 写出实验方案报告（包含如下内容）

①实验方案的比较和选择；②物料衡算过程及结果；③塔的工艺操作参数（列表）；④实验流程和实验操作步骤。

七、实验报告

1. 实际实验时的任务。
2. 实验时物料衡算的计算过程，实验操作工艺参数表和实验操作步骤。
3. 实验记录表，实验结果计算，并确定结果是否符合要求。
4. 提馏段、精馏段和 q 线等操作线方程，全塔效率。
5. 热量衡算的计算过程。
6. 经济效益计算（电、水、原料等成本）。

7. 实验结果分析与讨论（含经济指标评价，在工业生产中实现经济效益等）。

8. 实验总结。

八、注意事项

1. 当设定的数据与现场实际有偏差时，应进行数据校正，调整操作参数。

2. 实验过程中，应用所学的理论知识，通过分析与讨论，发现问题，找出解决实验中遇到的工程实际问题的方法。

3. 在实验中应注意安全，也要大胆地进行独立操作。通过实际操作，掌握工业生产的操作和控制方法。

九、思考题

1. 通过本次从给出实验任务，到理论计算，再到实验室完成任务的过程，你有何感想？

2. 在进行经济效益分析时，若把本实验过程用于工业生产，应如何提高经济效益？

3. 工业生产如何实现节能？

4. 在实验过程中，当产品质量指标达不到要求时，应如何解决？当产品质量指标达到要求，而产量指标达不到要求时，又如何解决？

第四章 演示实验

实验一　雷诺演示实验

一、实验目的

1. 了解层流和湍流两种流动型态在管路中的流速分布情况。
2. 熟悉层流和湍流与 Re 之间的联系。

二、实验任务

1. 观察层流、湍流时速度分布曲线的形成。
2. 保持液位稳定，观察水流从层流变为湍流时的情况。

三、基本原理

流体流动有两种不同型态，即层流和湍流，这一现象是由雷诺（Reynolds）于 1883 年首先发现的。流体作层流流动时，其流体质点作平行于管轴的直线运动，且在径向无脉动；流体作湍流流动时，其流体质点除沿管轴方向作向前运动外，还在径向作脉动，从而在宏观上显示出紊乱的向各个方向的不规则运动。

流体流动型态可用雷诺数（Re）来判断，这是一个无量纲数群，故其值不会因采用不同的单位制而不同。但应当注意，数群中各物理量必须采用同一单位制。若流体在圆管内流动，则雷诺数可用下式表示

$$Re=\frac{du\rho}{\mu} \tag{4-1}$$

式中　Re——雷诺数；

d——管内径，m；

u——流体在管内的平均流速，m/s；

ρ——流体密度，kg/m^3；

μ——流体黏度，Pa·s。

式(4-1) 表明，对于温度一定，在特定的圆管内流动的流体，雷诺数仅与流体流速有关。层流转变为湍流时的雷诺数称为临界雷诺数，用 Re_c 表示。工程上一般认为，流体在圆直管内流动时，当 $Re\leqslant2000$ 时为层流；当 $Re>4000$ 时，圆管内已形成湍流；当

$2000<Re\leqslant 4000$ 时，流动处于一种过渡状态，可能是层流，也可能是湍流，或者是二者交替出现，具体视外界干扰而定，一般称这一范围为过渡区。

四、实验装置与流程

实验装置如图 4-1 所示。主要由玻璃试验导管、流量计、流量调节阀、低位储水槽、循环水泵、稳压溢流水槽等部分组成，演示主管路为 ϕ20mm×2mm 硬质玻璃。

实验前，先将水充满低位储水槽，关闭流量计后的调节阀，然后启动循环水泵。待水充满稳压溢流水槽后，开启流量计后的调节阀。水由稳压溢流水槽流经缓冲槽、试验导管和流量计，最后流回低位储水槽。水流量的大小，可由流量计和调节阀调节。

示踪剂采用红色墨水，它由红墨水储槽经连接管和细孔喷嘴，注入试验导管。细孔玻璃注射管（或注射针头）位于试验导管入口的轴线部位。

注意：实验用的水应清洁，红墨水的密度应与水相当，装置要放置平稳，避免震动。

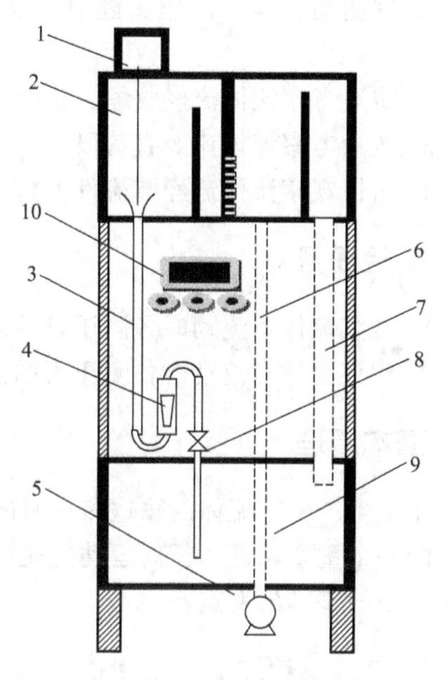

图 4-1　流体流型演示实验装置示意

1—红墨水储槽；2—稳压溢流水槽；3—试验导管；4—流量计；5—循环水泵；6—上水管；7—溢流回水管；8—流量调节阀；9—低位储水槽；10—控制面板及开关旋钮

五、演示操作

1. 层流流动型态

实验时，先微开流量调节阀 8，将流速调至所需的值。再调节红墨水储槽的下口旋塞，并做精细调节，使红墨水的注入流速与试验导管中主体流体的流速相适应，一般略低于主体流体的流速为宜。待流动稳定后，记录主体流体的流量。此时，在试验导管的轴线上，就可观察到一条平直的红色细流，好像一根拉直的红线一样。

2. 湍流流动型态

缓慢地加大流量调节阀 8 的开度，使水流量平稳地增大，玻璃试验导管内的流速也随之平稳地增大。此时可观察到玻璃试验导管轴线上呈直线流动的红色细流开始发生波动。随着流速的增大，红色细流的波动程度也随之增大，最后断裂成一段段的红色细流。当流速继续增大时，红墨水进入试验导管后立即呈烟雾状分散在整个导管内，进而迅速与主体水流混为一体，使整个管内流体变为红色，以致无法辨别红墨水的流线。

六、思考题

1. 影响流体流动型态的因素有哪些？

2. 如果管子不是透明的，不能用直接观察来判断管中的流体流动型态，你认为可以用什么办法来判断？

3. 有人说可以用流速来判断管中的流体流动型态，速度低于某一具体数据时是层流，否则是湍流，你认为这种看法是否正确？在什么条件下可以由流速来判断流动型态？

实验二　机械能转化演示实验

一、实验目的

1. 观测动、静、位压头随管径、位置、流量的变化情况，验证连续性方程和伯努利方程。

2. 定量考察流体流经收缩、扩大管段时，流体流速与管径的关系。

3. 定量考察流体流经直管段时，流体阻力与流量的关系。

4. 定性观察流体流经节流件、弯头的压损情况。

二、实验任务

1. 观察流体不流动时各测压管的液位情况。

2. 观察流体在流动时各测压管的液位变化情况，并作比较。

三、基本原理

化工生产中，流体的输送多在密闭的管道中进行，因此研究流体在管内的流动是化学工程中的一个重要课题。任何运动的流体都遵守质量守恒定律和能量守恒定律，这是研究流体力学性质的基本出发点。

1. 连续性方程

$$\rho_1 u_1 A_1 = \rho_2 u_2 A_2 \tag{4-2}$$

对均质、不可压缩流体，$\rho_1 = \rho_2 =$常数，则式(4-2) 变为

$$u_1 A_1 = u_2 A_2 \tag{4-3}$$

可见，对均质、不可压缩流体，平均流速与流通截面积成反比，即面积越大，流速越小；反之，面积越小，流速越大。

对圆管，$A = \pi d^2/4$，d 为直径，于是式(4-3) 可转化为

$$u_1 d_1^2 = u_2 d_2^2 \tag{4-4}$$

2. 机械能衡算方程

对于均质、不可压缩流体，在管路内稳定流动时，其机械能衡算方程（以单位质量流体为基准）为

$$z_1 + \frac{u_1^2}{2g} + \frac{p_1}{\rho g} + h_e = z_2 + \frac{u_2^2}{2g} + \frac{p_2}{\rho g} + h_f \tag{4-5}$$

显然，上式中各项均具有高度的量纲，z 为位头，$u^2/2g$ 为动压头（速度头），$p/\rho g$ 为静压头（压力头），h_e为外加压头，h_f为压头损失。

① 理想流体的伯努利方程。无黏性的即没有黏性摩擦损失的流体称为理想流体，理想流体的 $h_f=0$，若此时又无外加功加入，则机械能衡算方程变为

$$z_1 + \frac{u_1^2}{2g} + \frac{p_1}{\rho g} = z_2 + \frac{u_2^2}{2g} + \frac{p_2}{\rho g} \tag{4-6}$$

式(4-6) 为理想流体的伯努利方程。该式表明，理想流体在流动过程中，总机械能保持不变。

② 若流体静止，则 $u=0$，$h_e=0$，$h_f=0$，于是机械能衡算方程变为

$$z_1+\frac{p_1}{\rho g}=z_2+\frac{p_2}{\rho g} \tag{4-7}$$

式(4-7) 即为流体静力学方程，可见流体静止状态是流体流动的一种特殊形式。

四、实验装置与流程

机械能转化演示实验装置如图 4-2 所示。该装置的管路系统由有机玻璃材料制作而成，通过泵使流体循环流动。管路内径为 30mm，节流件变截面处管内径为 15mm。单管压力计 1 和 2 可用于验证变截面连续性方程，单管压力计 1 和 3 可用于比较流体经节流件后的能量损失，单管压力计 3 和 4 可用于比较流体经弯头和流量计后的能量损失及位能变化情况，单管压力计 4 和 5 可用于验证直管段雷诺数与流体阻力系数的关系，单管压力计 6 与 5 配合使用，用于测定单管压力计 5 处的中心点速度。

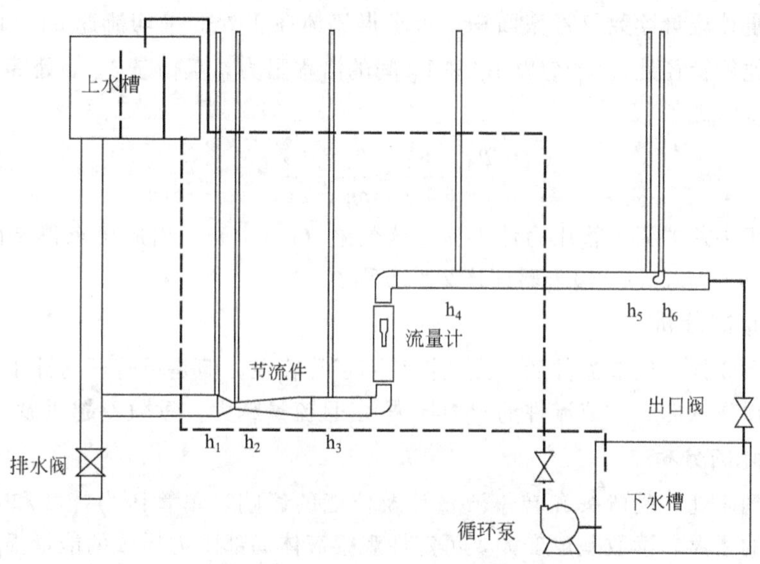

图 4-2 机械能转化演示实验装置

注：h_1～h_6 分别为单管压力计 1～6。

在本实验装置中设置了两种进料方式：①高位槽进料；②直接泵输送进料。设置这两种方式是为了对进料方式进行对比，直接泵进料液体是不稳定的，会产生很多空气，实验数据会有波动，所以在采集数据的时候建议采用高位槽进料。

五、演示操作

1. 实验步骤

① 先在下水槽中加满水，保持管路排水阀、出口阀处于关闭状态，通过循环泵将水打入上水槽中，使整个管路中充满流体，并保持上水槽液位的高度一定，可观察流体静止状态时各管段高度。

② 通过出口阀调节管内流量，注意保持上水槽液位高度稳定（即保证整个系统处于稳定流动状态），并尽可能使转子流量计读数在刻度线上。观察记录各单管压力计读数和流量值。

③ 改变流量，观察各单管压力计读数随流量的变化情况。注意每改变一个流量，需给予系统一定的稳流时间，方可读取数据。

④ 结束实验，关闭循环泵，全开出口阀排尽系统内流体，然后打开排水阀，排空管内沉积的流体。

2. 注意事项

① 若该装置不是长期使用，对下水槽内液体也应作排空处理，防止沉积尘土，堵塞测速管。

② 每次实验开始前，需先清洗整个管路系统，即先使管内流体流动数分钟，检查阀门、管段有无堵塞或漏水情况。

六、数据分析

1. h_1 和 h_2 的分析

由转子流量计流量读数及管截面积，可求得流体在1处的平均流速 u_1（该平均流速适用于系统内其他等管径处）。若忽略 h_1 和 h_2 间的沿程阻力，且由于1、2处等高，使用伯努利方程即式(4-6) 则有

$$\frac{p_1}{\rho g}+\frac{u_1^2}{2g}=\frac{p_2}{\rho g}+\frac{u_2^2}{2g} \tag{4-8}$$

其中，两者静压头差即为单管压力计1和2读数差（mH_2O），由此可求得流体在2处的平均流速 u_2。将 u_2 代入式(4-4)，验证连续性方程。

2. h_1 和 h_3 的分析

流体在1和3处，经节流件后，虽然恢复到了等管径，但是单管压力计1和3的读数差说明了能量的损失（即经过节流件的阻力损失）。且流量越大，读数差越明显。

3. h_3 和 h_4 的分析

流体经3到4处，受弯头和转子流量计及位能的影响，单管压力计3和4的读数差明显，且随流量的增大，读数差也变大，可定性观察流体局部阻力导致的能量损失。

4. h_4 和 h_5 的分析

单管压力计4和5的读数差说明了直管阻力的存在（小流量时，该读数差不明显，具体考察直管阻力系数的测定可使用流体阻力装置），根据式(4-9) 可推算得阻力系数，然后根据雷诺数，作出两者关系曲线。

$$h_f=\lambda\frac{L}{d}\times\frac{u^2}{2g} \tag{4-9}$$

5. h_5 和 h_6 的分析

单管压力计5和6之差指示的是5处管路的中心点速度，即最大速度 u_c

$$\Delta h=\frac{u_c^2}{2g} \tag{4-10}$$

通过分析，可考察在不同雷诺数下最大速度 u_c 与管路平均速度 u 的关系。

七、思考题

1. 关闭出口阀，各测压管的液位高度有无变化？这一高度的物理意义是什么？

2. 打开出口阀，各测压管的液位高度如何变化？是否一致，为什么？

3. 开大出口阀，各测压管的液位高度如何变化？为什么距离高位槽越远差值越大？

实验三　浮阀塔流体力学性能演示实验

一、实验目的

1. 了解塔板结构和其区间的分布情况。
2. 观察塔板通过一定的气、液量时，气液相在塔板上的接触情况。
3. 观察浮阀塔在操作时的现象，了解正确设计浮阀塔气速的重要性。

二、实验任务

1. 观察塔板通过一定的气液量时的现象。
2. 适当改变气、液量，观察因气、液负荷变化而引起的现象。

三、基本原理

板式塔是一种应用广泛的气液两相接触并进行传热、传质的塔设备，可用于吸收（解吸）、精馏和萃取等化工单元操作。与填料塔不同，板式塔属于分段接触式气液传质设备，塔板上气液接触得良好与否和塔板结构及气液两相相对流动情况有关，后者即是本实验研究的流体力学性能。

1. 塔板的组成

各种塔板板面大致可分为3个区域，即溢流区、鼓泡区和无效区，见图4-3。

降液管所占的部分称为溢流区。降液管的作用除使液体下流外，还须使泡沫中的气体在降液管中得到分离，防止气泡进入下一塔板而影响传质效率。因此液体在降液管中应有足够的停留时间使气体得以解脱，一般要求停留时间大于3～5s。一般溢流区所占面积不超过塔板总面积的25%，对液量很大的情况，可超过此值。塔板开孔部分称为鼓泡区，即气液两相传质的场所，也是区分各种塔板的依据。

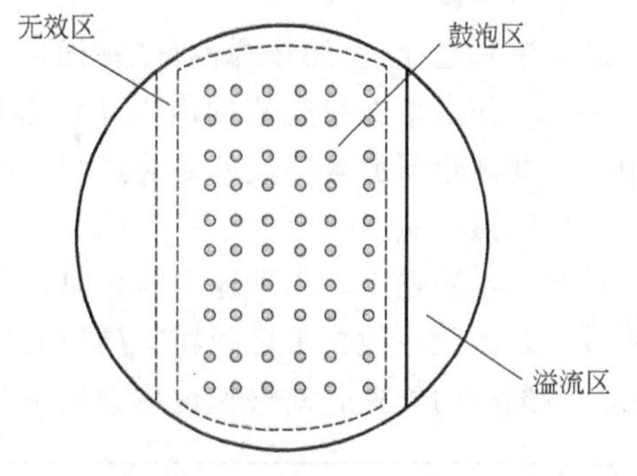

图4-3　塔板板面分布

无效区，因为液体在进口处容易从板上开孔漏下，故设一传质无效的不开孔区，称为进口安定区。而在出口处，由于进降液管的泡沫较多，也应设定不开孔区来破除一部分泡沫，又称破沫区。

2. 常用塔板类型

（1）泡罩塔

泡罩塔板见图4-4(a)，塔板上装有许多升气管，每根升气管上覆盖着一只泡罩（多为圆形，也可以是条形或是其他形状）。泡罩下边缘或开齿缝或不开齿缝，操作时气体从升气管上升，再经泡罩塔与升气管的环隙，然后从泡罩下边缘或齿缝排出进入液层。

泡罩塔板操作稳定，传质效率（对塔板而言称为塔板效率）较高，但也有不少缺点，如结构复杂、造价高、塔板阻力大。液体通过塔板的液面落差较大，因而易使气流分布不均，造成气液接触不良。

（2）筛板塔

筛板塔也是最早出现的塔板之一。从图 4-4(b) 可知，筛板就是在板上打很多筛孔，操作时气体直接穿过筛孔进入液层。

筛板塔的优点是构造简单、造价低，此外也能稳定操作，板效率也较高。缺点是小孔易堵（近年来发展了大孔径筛板，以适应大塔径、易堵塞物料的需要），操作弹性和板效率比浮阀塔板略差。

（3）浮阀塔

浮阀塔板见图 4-4(c)，浮阀塔的结构特点是将浮阀装在塔板上的孔中，能自由地上下浮动，随气速的不同，浮阀打开的程度也不同。另外，浮阀塔弹性大，效率高，适应性强。

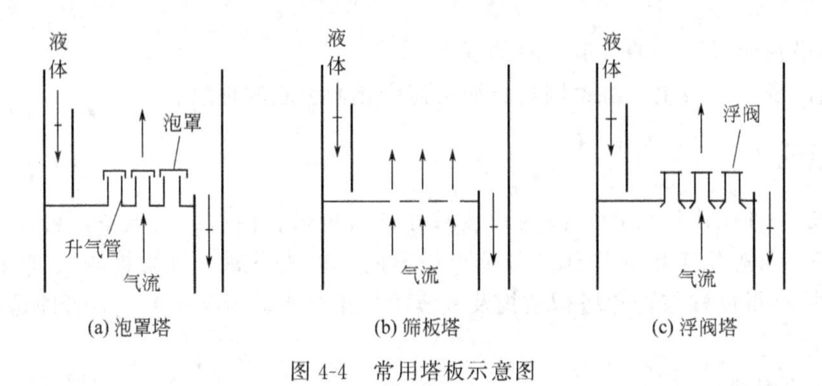

图 4-4　常用塔板示意图

3. 板式塔的操作

塔板的操作上限与操作下限之比称为操作弹性（即最大气量与最小气量之比或最大液量与最小液量之比）。操作弹性是塔板的一个重要特性，操作弹性大，则该塔稳定操作范围大。

为了使塔板在稳定范围内操作，必须了解板式塔的几个极限操作状态。在本演示实验中，主要观察研究各塔板的漏液点和液泛点，即塔板的操作上限和下限。

（1）漏液点

在一定液量下，当气速不够大时，塔板上的液体会有一部分从筛孔漏下，降低塔板的传质效率，因此一般要求塔板在不漏液的情况下操作。所谓“漏液点”是指正好使液体不从塔板上泄漏时的气速，此气速也称为最小气速。

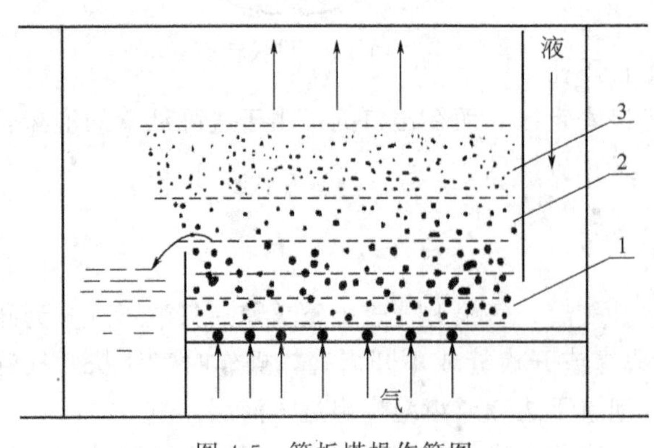

图 4-5　筛板塔操作简图

（2）液泛点

当气速大到一定程度时，液体就不再从降液管下流，而是从下塔板上升，这就是板式塔的液泛。液泛速度即达到液泛时的气速。

现以筛板塔为例来说明板式塔的操作原理。如图 4-5 所示，上一层塔板上的液体由降液管流至塔板上，并由板上另一降液管流至下一层塔板。而下一层塔板上升的气体（或蒸汽）经塔板上的筛孔，以鼓泡的形式穿过塔板上的液体层，并在此进行气液接触传质。离开液层的气体继续升至上一层塔板，再次进行气液接触传质。在塔板结构和液量已定的情况下，鼓泡层高度随气速而变。通常在塔板上方形成三种不同状态的区间，靠近塔板的液层底部属鼓泡区，如图4-5中1所示；液层表面属泡沫区，如图4-5中2所示；液层上方空间属雾沫区，如图4-5中3所示。

这三种状态都能起气液接触传质作用，其中泡沫状态的传质效果较好。当气速不太大时，塔板上以鼓泡区为主，传质效果不够理想。随着气速增大到一定值，泡沫区增加，传质效果显著改善，相应的雾沫夹带虽有增加，但还不至于影响传质效果。如果气速超过一定范围，则雾沫区显著增大，雾沫夹带过量，严重影响传质效果。为此，板式塔必须在适宜的液体流量和气速下操作，才能达到良好的传质效果。

四、实验装置与流程

本装置主体是由直径为200mm、板间距为300mm的4个有机玻璃塔节与两个封头组成的塔体，配以风机、水泵和气、液转子流量计及相应的管线、阀门等部件。塔体内由上而下安装4块塔板，分别为有降液管的筛孔板、浮阀塔板、泡罩塔板、无降液管的筛孔板，降液管均为内径25mm的有机圆柱管。流程示意如图4-6所示。

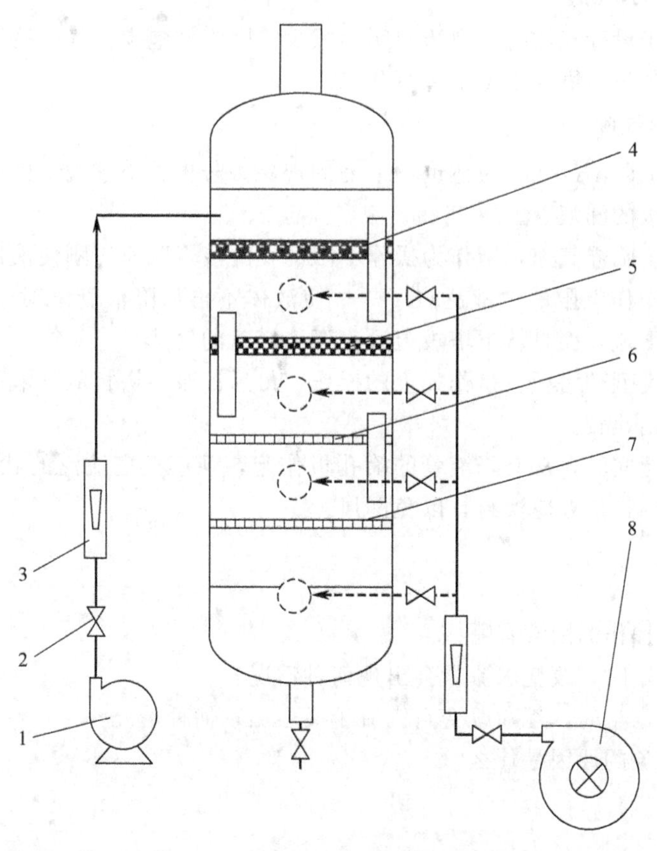

图4-6　塔板流体力学演示实验流程

1—增压水泵；2—调节阀；3—转子流量计；4—有降液管的筛孔板；
5—浮阀塔板；6—泡罩塔板；7—无降液管的筛孔板；8—风机

演示时，采用固定的水流量（不同塔板结构流量有所不同），改变气速，演示不同气速时的运行情况。实验开始前，先检查水泵和风机电源，并保持所有阀门处于全关状态。以下以有降液管的筛孔板（即自上而下第一块塔板）为例，进行该塔板流体力学性质演示操作。水泵进口连接水槽，塔底排液阀循环接入水槽，打开水泵出口调节阀，开启水泵电源。观察液流从塔顶流出的速度，通过水转子流量计调节液流量至适中的位置，并保持稳定流动。

打开风机出口阀，打开有降液管的筛孔板下对应的气流进口阀，开启风机电源。通过空气转子流量计自小而大调节气流量，观察塔板上气液接触的几个不同阶段，即由漏液至鼓泡、泡沫和雾沫夹带到最后淹塔。

五、演示操作

1. 全开气阀

这时气速达到最大值，此时可看到泡沫层很高，并有大量液滴从泡沫层上方往上冲，这就是雾沫夹带现象。这种现象表示实际气速远远超过设计气速。

2. 逐渐关小气阀

飞溅的液滴明显减少，泡沫层高度适中，气泡很均匀，表示实际气速符合设计值，这是各类型塔的正常运行状态。

3. 再进一步关小气阀

当气速远远小于设计气速时，泡沫层明显减少，因为鼓泡少，气、液两相接触面积大大减少，显然，这是各类型塔的不正常运行状态。

4. 再慢慢关小气阀

可以看见塔板上既不鼓泡、液体也不下漏的现象。若再关小气阀，则可看见液体从塔板上漏出，这就是塔板的漏液点。

观察实验的两个临界气速，即作为操作下限的“漏液点”——刚使液体不从塔板上泄漏时的气速，和作为操作上限的“液泛点”——使液体不再从降液管（对于无降液管的筛孔板，是指不降液）下流，而是从下塔板上升直至淹塔时的气速。

对于其余两种类型的塔板也是作如上的操作，最后记录各塔板的气液两相流动参数，计算塔板弹性，并作出比较。

也可作全塔液泛实验，从有降液管的筛孔板作起，观察全塔液泛的状况。实验过程中，注意塔身与下水箱的接口处应液封，以免漏风。

六、思考题

1. 影响塔正常操作的因素有哪些？
2. 当空气量一定时，改变水流量会出现何种情况？
3. 维持一定的水量时，逐渐改变空气流量又会出现何种情况？
4. 产生漏液现象的原因是什么？

第五章 仿真实验

计算机实验仿真是现代化教学的一个重要环节，是提高教学效果的一项重要措施。实践证明，学生通过键盘操作仿真实验，能充分调动学生学习的主动性，使学生得到实验教学全过程的训练，对提高教学质量有独特的作用。计算机实验仿真具有投资少、运行费用低的特点，并可大大提高实验教学效果和水平。

本实验仿真软件系统是按照全国高等院校化工原理实验教学要求，参照华南理工大学制造的化工原理实验装置进行设计的。软件通过大量真实的实验数据进行教学分析、建模，采用C语言和汇编语言编程，画面清晰，动画与声响结合，仿真实验效果良好，窗口使用中文提示，操作简单。

一、仿真软件的组成

整套软件系统包括6个单元仿真实验：

实验一：离心泵操作与性能测定；

实验二：管道中流体阻力的测定；

实验三：传热实验；

实验四：精馏操作与塔板效率的测定；

实验五：吸收操作与吸收系数的测定；

实验六：干燥实验。

每个单元实验仿真功能包括仿真操作、数据处理和实验知识测评三部分。其中数据处理可进行仿真操作的数据处理和键盘输入的数据处理，需要时，还可打印出完整的实验报告。6个单元实验可以各自独立运行，字库是共享的。可根据实验教学的安排，选做其中的仿真实验内容。

二、仿真软件操作

本化工原理实验仿真软件在使用上有一定的要求，必须按下列过程操作才能进入系统。

① 选择在Normal1（即XP系统）下启动电脑。

② 点击桌面开始，进入运行，输入\\10.5.5.200\write，进入“共享与发布”后，点击“软件安装”文件夹→找到FZ文件夹并把该文件夹复制到E盘上。

③ 解压E盘的FZ压缩文件；打开FZ文件夹，双击文件夹里的FZ文件，进入该实验仿真系统。

④ 然后根据需要选择仿真实验项目，例如选“1”运行离心泵仿真实验，当屏幕显示版本信息后，连续按回车键或空格键直至显示如下菜单：

① 仿真运行
② 实验测评
③ 数据处理
④ 退出

根据指导老师的要求选择相应的内容进行操作。当显示菜单后，如按“1”键选择“仿真运行”，屏幕上即显示实验流程图，并且在屏幕下部显示操作代码。根据化工原理实验操作程序要求，选择操作代码，各项控制点依次进行操作。每项控制点由数字代码表示，选定后按“↑”或“↓”键进行开、关或量的调控，调控完毕按回车键，又回到主菜单，详见具体仿真实验操作步骤。

三、仿真实验的要求

① 实验仿真时要完成三项内容：仿真运行、实验测评、数据处理。

② 数据处理后需判断结果是否符合要求，如果不符合要求，则返回仿真运行重复实验，直到符合要求为止，保留此结果。注意此时不能再进入仿真运行，否则原有的结果会消失。

③ 进入实验测评，该测评题是对理论和实验熟悉情况进行自我检测的依据，测评题是双向多项选择题，所以必须全选。选择完成后，按住 Ctrl 键，然后轻轻点击 End 键，软件会自动评阅并给出成绩。

实验一　管道阻力仿真实验

本实验有两项内容，一是测定水平直管的摩擦系数与雷诺数的关系；二是测定 90°标准弯头的局部阻力系数。

一、常规操作和操作代码

进入仿真系统后，当出现实验题目时，连续回车或按空格键直到显示仿真操作选择菜单，选“1”即进入仿真操作。屏幕出现实验装置图，图形下方显示实验各控制点的操作说明，即仿真操作主菜单，选择相应的代码进行操作。选定后按“↑”或者“↓”键进行开、关或量的调节。当需要记录数据时，按“R”或“W”键自动将当前状态的数据记录下来并存入硬盘中，以便数据处理时调用。

每完成一项操作按回车又回到主菜单。操作代码如下：

1—泵灌水阀 V1
2—泵进水阀 V2
3—泵排水阀 V3
4—压差计与管路连接阀 V4
5—压差计进气阀 V5
6—压差计连接阀 V6
7—压差计进气排水阀 V7
8—泵电源开关
0—返回

注：实验中所用的流量计为涡轮流量计，其示值频率单位为 Hz。实验流程图下方显示控制点的操作代码。

二、仿真实验步骤

① 离心泵的排气灌水操作：关闭泵进水阀 V2，打开泵排水阀 V3，打开泵灌水阀 V1（阀门红色时表示打开，无色时表示关闭），灌水完毕。再关闭泵灌水阀 V1 和泵排水阀 V3。

② 启动水泵，选“8”并按“↑”键启动泵。

③ 全开泵进水阀 V2，使 V2 开度达到 100%。

④ 适度打开泵排水阀 V3（不宜过小）。

⑤ 压差计排气操作：打开阀 V4 和阀 V5，排气后关闭阀 V5；打开阀 V6 和 V7 排气后，关闭 V7。

⑥ 打开泵排水阀 V3 至某一开度。

⑦ 按“R”键读取第一组数据（包括管路流量和两个压差计的读数）。

⑧ 重复操作⑥和⑦，记录约 10 组数据（数据点宜前密后疏）。

⑨ 关闭泵排水阀 V3。

⑩ 停泵，退出。

注：操作中，按一下“H”键或“L”键，可加快或减缓流量调节的速率。

三、实验数据处理操作

本实验数据处理程序可处理仿真操作所记录的数据，也可以处理实验装置采集到的数据。

1. 处理仿真操作实验数据

完成仿真操作并退出后，选“3”进入数据处理操作，此时，屏幕显示如下：

管道阻力测定实验

一、基本数据

设备编号:LOSS-1　　泵标定转速:2900r/min

水温:25℃　　涡轮流量计系数:70.53

是否打印:N　　测定实验数据次数:0

二、实验测定数据

读磁盘数据

序号	流量计示值	压差计进口	泵转速
1	0	0	0

[显示或打印]　[返回]

连续按“↓”键或“↑”键；使选择标记“长方格”移动至“读磁盘数据”一栏，按回车键，屏幕左下方提示输入数据，按“R”键即读入磁盘数据（做过仿真操作才有数据）。然后再按“↓”键，每按一次读入一组数据，直到读完为止。要显示或打印时，则选中“显示或打印”栏，按回车键，即可把实验数据以实验报告的形式显示或打印出来。每按一次回车键，即显示一屏幕数据或图形，连续按回车键直到显示完成为止。选中“退出”栏按回车键，则退出数据处理。

2. 处理实验装置采集到的数据

选中要输入数据的那一栏，按回车键，输入相应符号或数据，再按回车键，便改变原来数据而输入新的数据。输入各项数据时，可用“→”“←”键进行输入或修改，直到正确为止。最后选中“显示或打印”栏，按回车键，显示数据处理结果。

四、实验知识测评

完成仿真操作退出后，按“2”键，选择实验测评，此时屏幕显示第一大题，可按“↑”或“↓”键选择每小题进行回答，选中小题后即在题号左端出现提示符，认为对的按“Y”，错的按“N”，可以反复按“Y”或“N”。测评题目要求全判断，即多项双向选择。若选择一至九大题可直接按数字键1至9；若选择十至十九题，先按住Alt键，再按数字键；若选择二十至二十九题，先按住shift键，然后按数字键进行选择。此外，还可以按PgDn键选下一大题，按PgUp键选上一大题，按数字“0”选择答题总表，以便观察各题解答情况。

当做题时间满15min或按Ctrl+End键（即按Ctrl键的同时按End键），计算机自动退出并给出测评分数，再按回车键返回主菜单。整个操作在屏幕下方有详细说明。

五、实验测试题（双向多项选择题）

以下各题中的A、B、C、D选项，你认为对的按“Y”键，错的按“N”键，要求全判断。

1. 在完全湍流区，管道的阻力损失 h_f 与速度 u

A. 成正比

B. 平方成正比

C. 无关

2. 在极度湍流区，摩擦系数 λ 随雷诺数Re增大而

A. 增大

B. 减小

C. 保持不变

3. 层流流动时，摩擦系数 λ 随雷诺数Re增大而

A. 增大

B. 减小

C. 保持不变

4. 在不同条件下测定的直管摩擦系数与雷诺数的数据关系能否关联在一条曲线上？

A. 一定能

B. 一定不能

C. 只要温度相同就能

D. 管壁的相对粗糙度相等才能

E. 温度与管壁的相对粗糙度必须都相等才能

5. 以水为工作流体所测得的直管摩擦系数与雷诺数的关系能否适用于其他流体？

A. 无论什么流体都能直接应用

B. 除水外什么流体都不适用

C. 适用于牛顿型流体

6. 当管子放置角度或水流方向改变而流速不变时，其能量的损失是否相同？

A. 相同

B. 只有放置角度相同才相同

C. 放置角度虽然相同，流动方向不同，能量损失也不同

D. 放置角度不同，能量损失就不同

7. 本实验中测直管摩擦系数时，倒U形压差计所测出的是

A. 两测压点之间静压头的差

B. 两测压点之间位压头的差

C. 两测压点之间总压头的差

D. 两测压点之间速度头的差

8. 什么是光滑管?

A. 光滑管是绝对粗糙度为零的管子

B. 光滑管是摩擦系数为零的管子

C. 光滑管是水力学光滑的管子（即减小粗糙度，其摩擦阻力不再减小的管子）

9. 本实验中当水流过突然扩大管时，其各项能量的变化情况是

A. 水流过突然扩大处后静压头增大了

B. 水流过突然扩大处后静压头和位压头的和增大了

C. 水流过突然扩大处后总压头增大了

D. 水流过突然扩大处后速度头增大了

E. 水流过突然扩大处后位压头增大了

10. 在测定90°弯头局部阻力系数中，当雷诺数增大时，其局部阻力系数

A. 总是增大

B. 总是减小

C. 基本上不变

实验二　离心泵仿真实验

本仿真实验可测定离心泵3条特性曲线并演示离心泵的汽蚀现象。

一、常规操作和操作代码

基本操作步骤同仿真实验一。本实验操作代码如下：

1—灌水阀V1

2—离心泵进水阀V2

3—离心泵排水阀V3

4—泵电源开关

5—天平砝码操作

0—返回（退出仿真操作）

注：本实验中，离心泵出口压力的单位为 kgf/cm^2，离心泵进口真空表示值的单位为mmHg，转速的单位为r/min，涡轮流量计示值频率的单位为Hz（按公式换算流量）。实验流程图下方显示控制点的操作代码。

二、仿真实验步骤

① 离心泵的排气灌水操作：关闭离心泵进水阀 V2（首次操作时已关闭，无需操作），打开离心泵排水阀 V3，打开灌水阀 V1（阀门红色时表示打开，无色时表示关闭），即按数字键“3”，再按“↑”键，按回车键回到主菜单，选“1”并按“↑”键。然后再关闭灌水阀 V1 和离心泵排水阀 V3，即选“1”并按“↓”键，按回车键，再选“3”按“↓”键，灌水完毕，按回车键回到主菜单。

② 启动水泵，选“4”并按“↑”键启动泵。

③ 全开离心泵进水阀 V2，使 V2 开度达到 100%。即选“2”，连续按“↑”键，然后回车。

④ 调整天平砝码，使其平衡。选“5”按“↑”键添加砝码，按“↓”减少砝码，直到平衡为止。

⑤ 按“R”键或“W”键，读取离心泵流量为 0 时的第一组数据（包括流量，泵进、出口压力，泵转速和测功仪所加的砝码质量等数据）。

⑥ 打开离心泵排水阀 V3 至某一开度，即按“3”键，再连续按“↑”键，按回车键又回到主菜单，重新调整天平砝码使其平衡。

⑦ 按“R”键读取第二组数据。

⑧ 重复步骤⑥和⑦，记录约 10 组数据，包括大流量数据。然后关闭离心泵排水阀 V3。

⑨ 停泵：选“4”按“↓”键。退出选“0”按回车键。

以上为泵性能曲线测定实验仿真操作。完成仿真操作后，即可进行实验数据处理。

⑩ 汽蚀现象演示操作（选做）：泵启动后，调整离心泵排水阀 V3，使涡轮流量计显示在 100 左右。逐步关小离心泵进水阀 V2，并开大离心泵排水阀 V3，保持流量显示在 100 左右。当发生汽蚀现象时，泵发出不同的噪声，流量突然下降，然后开大离心泵进水阀 V2。

⑪ 关闭离心泵排水阀 V3，停泵，退出。

注：操作中，按一下“H”键或者“L”键，可加快或减缓调节流量或砝码的速率。每完成一项操作后，按回车键，返回操作菜单。

三、实验数据处理操作

本实验数据处理程序可处理仿真操作所记录的数据，也可以处理实验装置采集到的数据，具体操作参见实验一。

处理仿真操作实验数据时，完成仿真操作并退出后，选“3”进入数据处理操作，此时，屏幕显示如下：

离心泵特性曲线测定实验

一、基本数据

设备编号：PUMP-1	泵标定转速：2900r/min
水温：25℃	涡轮流量计系数：70.53
是否打印：N	测定实验数据次数：0

二、实验测定数据

读磁盘数据

序号	流量计示值	泵进口真空度	泵出口表压	测功砝码	泵转速
1	0	0	0	0	0

[显示或打印] [返回]

四、实验测试题（双向多项选择题）

以下各题中的 A、B、C、D 选项，你认为对的按“Y”键，错的按“N”键，要求全判断。

1. 在本实验中，若离心泵启动后抽不上水来，可能的原因是

A. 开泵时，出口阀未关闭

B. 发生了气缚现象

C. 启动泵前没有灌满水

D. 泵的吸入管线中的进水阀没有打开

2. 离心泵启动时应该关闭出口阀，其原因是

A. 若不关闭出口阀，则开泵后抽不上水来

B. 若不关闭出口阀，则会发生气缚现象

C. 若不关闭出口阀，则会使电机启动电流过大

D. 若不关闭出口阀，则会发生汽蚀

3. 关闭离心泵时应该关闭出口阀，其原因是

A. 若不关闭出口阀，则会因吸入管线中的进水阀开启使水倒流

B. 若不关闭出口阀，则会发生汽蚀作用

C. 若不关闭出口阀，则会使泵倒转而打坏叶轮

D. 若不关闭出口阀，则会使电机倒转而损坏电机

4. 打开排出阀，离心泵出口压力表的读数按什么规律变化？

A. 升高

B. 降低

C. 先升高再降低

D. 先降低再升高

5. 关小排出阀时，离心泵入口真空表的读数按什么规律变化？

A. 增大

B. 减小

C. 先增大后减小

D. 先减小后增大

6. 本实验中的流量靠什么仪器测定？

A. 孔板流量计和 U 形管压差计

B. 涡轮流量计

C. 以上两套仪器共同测定

D. 转子流量计

7. 当离心泵的流量增大时，电机的功率怎样变化？

A. 增大

B. 减小

C. 先增大后减小

D. 先减小后增大

8. 离心泵的转速随泵的流量增大而

A. 增大

B. 减小

C. 先增大后减小

D. 先减小后增大

9. 若离心泵输送的液体黏度比水大时，泵的压头将

A. 高于性能表上的给出值

B. 低于性能表上的给出值

C. 等于性能表上的给出值

10. 若离心泵输送的液体密度比水大时，泵的压头将

A. 高于性能表上的给出值

B. 低于性能表上的给出值

C. 等于性能表上的给出值

实验三　传热仿真实验

本实验测定空气在圆形直管中作强制湍流时的对流传热关联式。

一、常规操作和操作代码

基本操作步骤同仿真实验一。本实验操作代码如下：

1—风机开关 K1

2—热电偶测温观察转换开关 K2

3—换热器排气阀 V1

4—空气流量调节阀 V2

5—加热蒸汽调节阀 V3

0—返回

注：实验中流量计为孔板流量计，其示值的单位为 mmH_2O，温度示值的单位为℃。实验流程图下方显示各控制点的操作代码。

二、仿真实验步骤

① 打开风机开关 K1，选择数字键“1”操作，按“↑”键后，按回车键。

② 开启空气流量调节阀 V2，即选择数字键“4”操作，按“↑”键后，按回车键。

③ 打开加热蒸汽调节阀 V3，使压力表数值显示在 0.5～0.6kgf/cm^2。

④ 打开换热器排气阀 V1 片刻以排除不凝性气体，然后关闭 V1。

⑤ 调节 V2 至某一开度（不宜过小，按“↑”“↓”键进行量的调整），当各点温度稳定后，按“R”键记录第一组数据（包括空气流量、空气进出口温度、空气压力、蒸汽温度、壁温等数据）。

⑥ 重复步骤⑤，记录 8 组数据。

⑦ 关闭加热蒸汽调节阀 V3。

⑧ 关闭风机开关 K1，退出。

注：操作中，按一下“H”或“L”键，可加快或减缓调节流量的速率。每完成一项操作后，按回车键，返回操作菜单。

三、实验数据处理操作

本实验数据处理程序可处理仿真操作所记录的数据，也可以处理实验装置采集到的数据，具体操作参见实验一。

处理仿真操作实验数据时，完成仿真操作并退出后，选“3”进入数据处理操作，此时，屏幕显示如下：

传热实验

一、基本数据

设备编号：HEAT-1　　传热管直径：17.8mm

室温：25℃　　传热管长度：1.227m

是否打印：N　　测定实验数据次数：0

二、实验测定数据

读磁盘数据

序号	流量计示值	空气压力	进口热电偶	出口热电偶	管壁热电偶
1	0	0	0	0	0

[显示或打印]　[返回]

四、实验测试题（双向多项选择题）

以下各题中的 A、B、C、D 选项，你认为对的按“Y”键，错的按“N”键，要求全判断。

1. 本实验中，在饱和蒸汽进套管前要排除不凝性气体，这是因为

A. 不凝性气体的存在可能会引起爆炸

B. 不凝性气体的存在会使蒸汽冷凝传热膜系数 α 大大降低

C. 不凝性气体的存在会使空气传热膜系数 α 大大降低

2. 在本实验中的管壁温度 T_w 应接近蒸汽温度，还是空气温度？可能的原因是

A. 接近空气温度，这是因为空气处于流动状态，即强制湍流状态，空气传热膜系数大于蒸汽冷凝传热膜系数

B. 接近蒸汽温度，这是因为蒸汽冷凝传热膜系数大于空气传热膜系数

C. 不偏向任何一边，因为蒸汽冷凝传热膜系数和空气传热膜系数均对壁温有影响

3. 以空气为被加热介质的传热实验中，当空气流量 V 增大时，壁温如何变化？

A. 空气流量 V 增大时，壁温 T_w 升高

B. 空气流量 V 增大时，壁温 T_w 降低

C. 空气流量 V 增大时，壁温 T_w 不变

4. 下列各温度中，哪个是物性参数的定性温度？

A. 介质的入口温度

B. 介质的出口温度

C. 蒸汽温度

D. 介质入口和出口温度的平均值

5. 管内介质的流速对传热膜系数 α 有何影响?

A. 介质流速 u 升高，传热膜系数 α 增大

B. 介质流速 u 升高，传热膜系数 α 减小

C. 介质流速 u 升高，传热膜系数 α 不变

6. 管内介质流速改变，出口温度如何变化?

A. 介质流速 u 升高，出口温度 t_2 升高

B. 介质流速 u 升高，出口温度 t_2 降低

C. 介质流速 u 升高，出口温度 t_2 不变

7. 蒸汽压力的变化对 α 关联式有无影响?

A. 蒸汽压力 p 增大，α 值增大，对 α 关联式有影响

B. 蒸汽压力 p 增大，α 值不变，对 α 关联式无影响

C. 蒸汽压力 p 增大，α 值减小，对 α 关联式有影响

8. 增大管内介质的流动速度时，总传热系数 K 如何变化?

A. 总传热系数 K 值增大

B. 总传热系数 K 值减小

C. 总传热系数 K 值不变

9. 蒸汽压力的变化与哪些因素有关?

A. 只与蒸汽阀门开度有关，即与蒸汽流量有关

B. 只与空气流量有关

C. 与蒸汽流量和空气流量均有关系

10. 如果疏水器的操作不良，对夹套内 α （蒸汽） 有何影响?

A. 疏水器不起作用，蒸汽不断排出，α （蒸汽） 将增大

B. 疏水器不起作用，蒸汽不断排出，α （蒸汽） 将减小

C. 疏水器阻塞，冷凝液不能排出，α （蒸汽） 将增大

D. 疏水器阻塞，冷凝液不能排出，α （蒸汽） 将减小

11. 在下列强化传热的途径中，哪种方案在工程上可行?

A. 提高空气流速

B. 提高蒸汽流速

C. 采用过热蒸汽以提高蒸汽温度

D. 在蒸汽一侧管壁上加装翅片，增大冷凝面积

E. 内管加入填充物或采用螺纹管

实验四　精馏仿真实验

一、常规操作和操作代码

基本操作步骤同仿真实验一。本实验操作代码如下：

1—进料泵 P1	7—排气阀 V6
2—进料阀 V1	8—塔釜加热开关 K1
3—回流阀 V2	9—塔釜加热开关 K2
4—产品阀 V3	0—返回
5—残液排放阀 V4	a—塔釜加热开关 K3
6—冷却水进口阀 V5	b—浓度检测

注：实验流程图下方显示各控制点的操作代码。

二、仿真实验步骤

① 开启进料泵，即选数字键“1”，按“↑”键，再按回车键。

② 打开进料阀 V1，即选数字键“2”，按“↑”键，再按回车键。

③ 待塔釜料液浸没加热棒后，打开电源开关 K1、K2 和 K3 以加热料液。

④ 打开排气阀 V6，打开冷却水进口阀 V5 和回流阀 V2。

⑤ 当进料量达塔釜体积约 4/5 时停止加料，此时进行全回流。

⑥ 当塔顶温度指示为 78～80℃、塔釜温度为 100～104℃并基本保持不变时，打开产品阀 V3，调整产品流量至 2～2.5L，回流量在 3～5L 之间。

⑦ 打开进料阀 V1，调整进料量至 6～7.5L。

⑧ 若塔釜料液上升，则打开残液排放阀 V4，并调整产品、进料、回流量等参数以保持物料平衡。

⑨ 当操作稳定时，可检测浓度，即按“b”键，其单位为摩尔分数。

⑩ 当浓度不变时，按“R”键，读取数据。

⑪ 关闭产品阀、加热电源、进料阀、残液排放阀、冷却水进口阀和回流阀。

⑫ 退出。

三、实验数据处理操作

本实验数据处理程序可处理仿真操作所记录的数据，也可以处理实验装置采集到的数据，具体操作参见实验一。

处理仿真操作实验数据时，完成仿真操作并退出后，选数字键“3”进入数据处理操作，此时，屏幕显示如下：

精馏实验

一、基本数据

设备编号:DIST-1　　　　塔板数:15

是否打印:N　　　　进料组成(摩尔分数):0.10

二、实验测定数据

读磁盘数据

进料温度:20℃	进料流量(L/h):0.0
进料组成(摩尔分数):0.1	产品流量(L/h):0.0
产品组成(摩尔分数):0.0	釜液温度(℃):0.0
釜液组成(摩尔分数):0.0	回流流量(L/h):0.0

[显示或打印]　　[返回]

四、实验测试题（双向多项选择题）

以下各题中的A、B、C、D选项，你认为对的按“Y”键，错的按“N”键，要求全判断。

1. 蒸馏操作能将混合液中组分分离的主要依据是

A. 各组分的沸点不同

B. 各组分的含量不同

C. 各组分的挥发度不同

2. 全回流在生产中的意义在于

A. 开车阶段采用全回流操作

B. 产品质量达不到要求时采用全回流操作

C. 用于测定全塔效率

3. 全回流操作的特点有

A. $F=0$，$D=0$，$W=0$

B. 在一定分离要求下 N_T 最少

C. 操作线和对角线重合

4. 精馏操作中，温度分布受哪些因素的影响？

A. 塔釜加热电压、塔顶冷凝器的冷却量

B. 塔釜压力

C. 物料组成

5. 判断达到工艺要求的全回流操作的标志有

A. 浓度分布基本上不随时间改变而改变

B. 既不采出也不进料

C. 塔顶、塔釜组成已达到工艺要求

D. 温度分布基本上不随时间变化而变化

6. 本实验能否得到质量分数为98%的塔顶乙醇产品？

A. 若进料组成大于95.57%，塔顶可得到98%以上的乙醇溶液

B. 若进料组成大于95.57%，塔顶不能得到98%以上的乙醇溶液

C. 若进料组成小于95.57%，塔顶可得到98%以上的乙醇溶液

D. 若进料组成小于95.57%，塔顶不能得到98%以上的乙醇溶液

7. 冷料回流对精馏操作的影响为

A. 理论板数增大，X_D 增大，塔顶温度 T 降低

B. 理论板数减小，X_D 增大，塔顶温度 T 降低

C. 理论板数减小，X_D 减小，塔顶温度 T 升高

8. 当回流比 $R< R_{min}$ 时精馏塔能否进行操作？

A. 不能操作

B. 能操作，但塔顶得不到合格产品

9. 在正常操作下，影响全塔效率的因素是

A. 物系、设备及操作条件

B. 仅与操作条件有关

C. 加热量增大，效率一定增大

D. 加热量增大，效率一定减小

E. 仅与物系和设备有关

10. 精馏塔的常压操作是怎样实现的？

A. 塔顶连通大气

B. 塔顶冷凝器入口连通大气

C. 塔顶成品槽顶部连通大气

D. 塔釜连通大气

E. 进料口连通大气

11. 全回流操作时，回流量的多少受哪些因素影响？

A. 受塔釜加热量的影响

B. 受釜液组成的影响

C. 受塔顶冷却水量的影响

D. 受塔的温度分布的影响

12. 为什么要控制塔釜液面高度？

A. 为了防止加热装置被烧坏

B. 为了使精馏塔操作稳定

C. 为了使釜液在釜内有足够的停留时间

D. 为了使塔釜与其相邻塔板间有足够的分离空间

13. 塔内上升气速对精馏操作有什么影响？

A. 上升气速过大会引起漏液

B. 上升气速过大会引起液泛

C. 上升气速过大会引起过量的液沫夹带

D. 上升气速过大会引起过量的气泡夹带

E. 上升气速过大会使塔板效率下降

14. 板压降的大小与什么因素有关？

A. 与上升蒸汽量有关

B. 与下降液量有关

C. 与塔釜加热量有关

D. 与气液相组成有关

实验五　吸收仿真实验

一、常规操作和操作代码

基本操作步骤同仿真实验一。本实验操作代码如下：

1—风机开关 K1

2—氨气瓶总阀门 V1

3—氨气量调节阀 V2

4—空气流量调节阀 V3

5—自来水流量调节阀 V6

6—尾气采样阀 V7

0—返回

注：实验中流量计为转子流量计，实验流程图下方显示各控制点的操作代码。

二、仿真实验步骤

① 打开自来水流量调节阀 V6，即选数字键“5”操作，按“↑”或“↓”键，使喷淋量显示在 60～90L/min，然后按回车键。

② 全开空气流量调节阀 V3，即选数字键“4”操作，连续按“↑”键，再按回车键。

③ 启动风机，即选数字键“1”，按“↑”键，再按回车键。

④ 逐渐关闭空气流量调节阀 V3，即选数字键“4”操作，连续按“↓”键至发生液泛为止，液泛时喷洒器下端出现横条液体波纹。以上是发生液泛现象时的操作。

⑤ 调整空气流量调节阀 V3 至某一开度，即选数字键“4”操作，按“↑”或“↓”键，使空气流量计显示在 $20m^3/h$ 左右。

⑥ 打开氨气瓶总阀门 V1，即选数字键“2”，按“↑”键，再按回车键。

⑦ 调整氨气量调节阀 V2，即选数字键“3”操作，按“↑”或“↓”键，至氨气流量计示值为 $0.5～0.9m^3/h$。

⑧ 将 1mL 含有红色指示剂的硫酸倒入吸收器内（此步自动完成）。

⑨ 打开通往吸收器的尾气采样阀 V7，即选数字键“6”，按“↑”键再按回车键。

⑩ 当吸收液硫酸由红色变为黄色时，立即关闭尾气采样阀 V7，即选数字键“6”，按“↓”键再按回车键，并按“R”键记录数据。

⑪ 关闭阀门 V1 和 V2，即选数字键“2”，按“↓”键，再按回车键。选数字键“3”，按“↓”键，再按回车键。

⑫ 关闭风机，即选数字键“1”，按“↓”键，再按回车键。

⑬ 关闭自来水流量调节阀 V6，即选数字键“5”，按“↓”键，再按回车键。退出，即选数字键“0”，再按回车键。

注：操作中，按一下“H”或“L”键，可加快或减缓调节流量的速率。

三、实验数据处理操作

本实验数据处理程序可处理仿真操作所记录的数据，也可以处理实验装置采集到的数据，具体操作参见实验一。

处理仿真操作实验数据时，完成仿真操作并退出后，选数字键“3”进入数据处理操作，此时，屏幕显示如下：

吸收实验

一、基本数据

设备编号:ABSO-1

室温:25℃　　　　是否打印:N

二、实验测定数据

读磁盘数据

水流量	空气数据	氨气数据	尾气	压力
L(L/h)	$V_1T_1p_1$	$V_2T_2p_2$	$V_3N_sV_s$	p_3p_4

显示或打印　　返回

四、实验测试题（双向多项选择题）

以下各题中的A、B、C、D选项，你认为对的按“Y”键，错的按“N”键，要求全判断。

1. 本实验中，在测定吸收系数时，供水系统a、氨气系统b和空气系统c的启动顺序是

A. a→b→c

B. b→a→c

C. c→b→a

D. a→c→b

2. 判断下列命题是否正确

A. 喷淋密度是指通过填料层的液体量

B. 喷淋密度是指单位时间通过填料层的液体量

C. 空塔气速是指气体通过空塔时的气速

3. 干填料及湿填料压降与气速关系曲线的特征是

A. 对干填料 u 增大，$\Delta p/Z$ 增大

B. 对干填料 u 增大，$\Delta p/Z$ 不变

C. 对湿填料 u 增大，$\Delta p/Z$ 增大

D. 载点以后泛点以前 u 增大，$\Delta p/Z$ 不变

E. 泛点以后 u 增大，$\Delta p/Z$ 增大

4. 测定压降-气速曲线的意义在于

A. 确定填料塔的直径

B. 确定填料塔的高度

C. 确定填料层的高度

D. 选择适当的风机

5. 测定体积传质系数 K_Ya 的意义在于

A. 确定填料塔的直径

B. 计算填料塔的高度

C. 确定填料层的高度

D. 选择适当的风机

6. 为测取压降-气速曲线，需测下列哪组数据？

A. 测流速、压降和大气压

B. 测水流量、空气流量、水温和空气温度

C. 测塔压降、空气转子流量计读数、空气温度、空气压力和大气压

7. 传质单元数的物理意义为

A. 反映了物系分离的难易程度

B. 反映了相平衡关系和设备的操作条件

C. 仅反映设备性能的好坏（高低）

D. 反映了相平衡关系和进出口浓度的状况

8. H_{OG}的物理意义为

A. 反映了物系分离的难易程度

B. 反映了相平衡关系和设备的操作条件

C. 仅反映设备性能的好坏（高低）

D. 反映了相平衡关系和进出口浓度的状况

9. 温度和压力对吸收的影响为

A. T 增大，p 减小，Y_2 增大，X_1 减小

B. T 减小，p 增大，Y_2 减小，X_1 增大

C. T 减小，p 增大，Y_2 增大，X_1 减小

D. T 增大，p 减小，Y_2 减小，X_1 增大

10. 气体流速u 增大对 K_ya 的影响为

A. u 增大，K_Ya 增大

B. u 增大，K_Ya 不变

C. u 增大，K_Ya 减小

实验六　干燥仿真实验

一、常规操作和操作代码

基本操作步骤同仿真实验一。本实验操作代码如下：

1—电加热开关 K1

2—电加热开关 K2

3—电加热开关 K3

4—干燥温度控制调整

5—天平砝码操作

6—空气流量调节阀 V1

7—旁路阀 V2

8—空气循环量调节阀 V3

9—电源总开关 K

0—返回

a—湿球温度计灌水操作

b—干燥试样（纸板）操作

c—秒表控制操作

注：实验中流量计为孔板流量计。按“c”键则进入秒表控制操作。

二、仿真实验步骤

① 给湿球温度计加水，即按“a”键，再按“↑”键，然后按回车键。

② 打开旁路阀 V2，即选数字键“7”，按“↑”键，再按回车键。打开空气循环量调节

阀 V3，即选数字键“8”，按“↑”键，再按回车键。

③ 打开电源总开关 K，即按数字键“9”，按“↑”键，再按回车键。

④ 关闭阀 V2，即选数字键“7”，按“↓”键，再按回车键；关闭阀 V3，即选数字键“8”，按“↓”键，再按回车键。

⑤ 打开电加热开关 K1、K2、K3 以加热空气。打开 K1，即选数字键“1”，按“↑”键，再按回车键。打开 K2，即选数字键“2”，按“↑”键，再按回车键。打开 K3，即选数字键“3”，按“↑”键，再按回车键。

⑥ 调整温控器设定干燥温度，使其指示值约为 75℃，即选数字键“4”，按“↑”或“↓”键设定温度在 70～75℃之间。

⑦ 当干燥温度 t_1 升至 70～75℃时，关闭电加热开关 K2 或 K3。

⑧ 调整空气流量调节阀 V1，即选数字键“6”，按“↑”或“↓”键，使孔板流量计（压差计）示值为 60mmH_2O 左右，然后按回车键。

⑨ 挂上湿纸板试样，即按“b”键，再按“↑”键，然后按回车键。

⑩ 调整天平砝码使物料质量在 90～130g 之间，即按数字键“5”，再按“↑”或“↓”键，使天平第一行显示值在以上范围内。第二行数字表示所加砝码比物料重或轻的质量，使其值稍轻些，即为负值。

⑪ 进入秒表控制操作，待天平平衡时启动秒表 1，即按“c”键进入秒表控制点，再按数字键“1”，然后按“R”键记录初始干燥状态数据，按回车键。

⑫ 将天平砝码减少 3g，再进入秒表控制操作。

⑬ 待天平平衡时停秒表 1 并同时启动秒表 2，按“R”键，记录一组数据。

⑭ 将秒表 1 复零，按回车键，再减去 3g 砝码，进入秒表控制操作。

⑮ 待天平平衡时停秒表 2 并同时启动秒表 1，按“R”键，记录另一组数据。

⑯ 将秒表 2 复零，按回车键，再减去 3g 天平砝码。

⑰ 重复步骤⑬～⑯操作，至干燥出现降速阶段以后再记录若干组数据。

⑱ 关闭电加热开关 K1、K2、K3 和电源总开关 K，退出。

三、实验数据处理操作

本实验数据处理程序可处理仿真操作所记录的数据，也可以处理实验装置采集到的数据，具体操作参见实验一。

处理仿真操作实验数据时，完成仿真操作并退出后，选数字键“3”进入数据处理操作，此时，屏幕显示如下：

干燥实验

一、基本数据

设备编号：DRY-1　　纸板规格：146.0mm×98.0mm×7.5mm

室温：25℃　　绝干物料：46.5g　　湿物料：130.0g

孔板流量计读数：0.0　　热空气温度：0.0℃　　湿球温度：0.0℃

是否打印：N　　测定实验数据次数：0

二、实验测定数据

读磁盘数据

序号	湿物料量(g)	蒸发水量(g)	干燥时间(s)
1	0	0	0

显示或打印　　返回

四、实验测试题（双向多项选择题）

以下各题中的A、B、C、D选项，你认为对的按“Y”键，错的按“N”键，要求全判断。

1．在干燥实验中，提高热载体的进口温度，其干燥速度

A. 不变

B. 减小

C. 增大

2．干燥速率是

A. 被干燥物料中液体的蒸发量随时间的变化率

B. 被干燥物料单位面积液体的蒸发量随时间的变化率

C. 被干燥物料单位面积液体的蒸发量随温度的变化率

D. 当推动力为单位湿度差时，单位表面积上单位时间液体的蒸发量

3．若干燥室不向外界环境散热，通过干燥室的空气将经历怎样的变化过程?

A. 等温过程

B. 绝热增湿过程

C. 近似的等焓过程

D. 等湿过程

4．本实验中如果湿球温度计指示温度升高了，可能的原因有

A. 湿球温度计的棉纱球缺水

B. 湿球温度计的棉纱球被水淹没

C. 入口空气的焓值增大了，而干球温度未变

D. 入口温度的焓值未变，而干球温度升高了

5．本实验装置采用部分干燥介质（空气）循环使用的方法是为了

A. 在保证一定传质推动力的前提下节约热能

B. 提高传质推动力

C. 提高干燥速率

6．本实验中空气加热器出入口相对湿度之比等于

A. 入口温度：出口温度

B. 出口温度：入口温度

C. 入口温度下水的饱和蒸气压：出口温度下水的饱和蒸气压

D. 出口温度下水的饱和蒸气压：入口温度下水的饱和蒸气压

7．物料在一定干燥条件下的临界干基含水量为

A. 干燥速率为零时的干基含水量

B. 干燥速率曲线上由恒速转为降速的那一点上的干基含水量

C. 干燥速率曲线上由升速转为恒速的那一点上的干基含水量

D. 恒速干燥线上任一点所对应的干基含水量

8．等式$(t-t_w)a/r=k(H_w-H)$在什么条件下成立?

A. 恒速干燥条件下

B. 物料表面温度等于空气的湿球温度时

C. 物料表面温度接近空气的绝热饱和温度时

D. 降速干燥条件下

E. 物料升温阶段

9. 下列条件中哪些有利于干燥过程的进行？

A. 提高空气温度

B. 降低空气湿度

C. 提高空气流速

D. 提高空气湿度

E. 降低入口空气相对湿度

10. 若干燥室不向外界环境散热，则在恒速干燥阶段出入口湿球温度的关系是

A. 入口湿球温度> 出口湿球温度

B. 入口湿球温度< 出口湿球温度

C. 入口湿球温度= 出口湿球温度

附 录 常用数据

一、常用二元物系的气液平衡组成

1. 乙醇-水（p=101.3kPa）

乙醇摩尔分数/%		温度/℃	乙醇摩尔分数/%		温度/℃
液相	气相		液相	气相	
0	0	100.00	45.41	63.43	80.40
2.01	18.38	94.95	50.16	65.34	80.00
5.07	33.06	90.50	54.00	66.92	79.75
7.95	40.18	87.70	59.55	69.59	79.55
10.48	44.61	86.20	64.05	71.86	79.30
14.95	49.77	84.50	70.63	75.82	78.85
20.00	53.09	83.30	75.99	79.26	78.60
25.00	55.48	82.35	79.82	81.83	78.40
30.01	57.70	81.60	85.97	86.40	78.20
35.09	59.55	81.20	89.41	89.41	78.15
40.00	61.44	80.75			

2. 甲醇-水（p=101.3kPa）

甲醇摩尔分数/%		温度/℃	甲醇摩尔分数/%		温度/℃
液相	气相		液相	气相	
5.31	28.34	92.9	29.09	68.01	77.8
7.67	40.01	90.3	33.33	69.18	76.7
9.26	43.53	88.9	35.13	73.47	76.2
12.57	48.31	86.6	46.20	77.56	73.8
13.15	54.55	85.0	52.92	79.71	72.7
16.74	55.85	83.2	59.37	81.83	71.3
18.18	57.75	82.3	68.49	84.92	70.0
20.83	62.73	81.6	77.01	89.62	68.0
23.19	64.85	80.2	87.41	91.94	66.9
28.18	67.75	78.0			

3. 苯-甲苯（p=101.3kPa）

苯摩尔分数/%		温度/℃	苯摩尔分数/%		温度/℃
液相	气相		液相	气相	
0	0	110.6	59.2	78.9	89.4
8.8	21.2	106.1	70.0	85.3	86.8
20.0	37.0	102.2	80.3	91.4	84.4
30.0	50.0	98.6	90.3	95.7	82.3

续表

苯摩尔分数/%		温度/℃	苯摩尔分数/%		温度/℃
液相	气相		液相	气相	
39.7	61.8	95.2	95.0	97.9	81.2
48.9	71.0	92.1	100	100	80.2

4. **水-醋酸** (p=101.3kPa)

水摩尔分数/%		温度/℃	水摩尔分数/%		温度/℃
液相	气相		液相	气相	
0	0	118.2	83.3	88.6	101.3
27.0	39.4	108.2	88.6	91.9	100.9
45.5	56.5	105.3	93.0	95.0	100.5
58.8	70.7	103.8	96.8	97.7	100.2
69.0	79.0	102.8	100	100	100.0
76.9	84.5	101.9			

二、乙醇溶液的物理常数

1. **乙醇-水溶液的密度** (kg/m^3)(10～70℃，p=101.3kPa)

质量分数/%	温度/℃						
	10	20	30	40	50	60	70
8.01	990	980	980	970	970	960	960
16.21	980	970	960	960	950	940	920
24.61	970	960	950	940	930	930	910
33.30	950	950	930	920	910	900	890
42.43	940	930	910	900	890	880	870
52.09	910	910	880	870	870	860	850
62.39	890	880	860	860	840	830	820
73.48	870	960	830	830	820	810	800
85.66	840	930	810	800	790	780	770
100	800	790	780	770	760	750	750

2. **乙醇-水溶液的物理常数** (p=101.3kPa)

温度(15℃)		密度(15℃)/(g/cm³)	沸点/℃	比热容/[kJ/(kg·℃)]		焓/(kJ/kg)		
体积分数/%	质量分数/%			α	β	饱和液体	干饱和蒸气	蒸发潜热
10	8.05	0.9876	92.63	4.430	0.00833	444.1	2581.9	2135.9
12	9.69	0.9845	91.59	4.451	0.00842	447.1	2556.5	2113.4
14	11.33	0.9822	90.67	4.460	0.00846	439.1	2529.9	2091.5
16	12.97	0.9802	89.83	4.468	0.00850	435.6	2503.9	2064.9
18	14.62	0.9782	89.07	4.472	0.00854	432.1	2477.7	2045.6
20	16.28	0.9763	88.39	4.463	0.00858	427.8	2450.9	2023.2
22	17.95	0.9742	87.75	4.455	0.00863	424.0	2424.2	1991.1
24	19.62	0.9721	87.16	4.447	0.00871	420.6	2396.6	1977.2
26	21.30	0.9700	86.67	4.438	0.00884	417.5	2371.9	1954.4
28	24.99	0.9679	86.10	4.430	0.00900	414.7	2345.7	1930.9
30	24.69	0.9657	85.66	4.417	0.00917	412.0	2319.7	1907.7
32	26.40	0.9633	85.27	4.401	0.00942	409.4	2292.6	1884.1
34	28.13	0.9608	84.92	4.384	0.00963	406.9	2267.2	1860.9
38	31.62	0.9558	84.32	4.346	0.01013	402.4	2215.1	1812.7
40	33.39	0.9523	84.08	4.283	0.01014	400.0	2188.4	1788.4

$$c=\alpha+\beta\frac{t_1+t_2}{2}\text{kJ/(kg·℃)}$$

系数α、β从上表查出；t_1、t_2为酒精溶液的升温范围；酒精蒸发潜热为854.62kJ/kg(78.3℃)。

三、酒精计示值与体积的换算

酒精计示值在不同溶液温度下的体积分数换算表

溶液温度/℃	酒精计示值/%																				
	20.0	19.0	18.0	17.0	16.0	15.0	14.0	13.0	12.0	11.0	10.0	9.0	8.0	7.0	6.0	5.0	4.0	3.0	2.0	1.0	0
	温度20℃时用体积分数表示的酒精浓度/%																				
30	16.8	16.0	15.1	14.2	13.4	12.5	11.6	10.7	9.8	8.9	7.9	7.0	6.1	5.2	4.2	3.3	2.4	1.4	0.4		
29	17.2	16.3	15.4	14.5	13.6	12.7	11.8	10.9	10.0	9.1	8.2	7.2	6.3	5.4	4.4	3.5	2.5	1.6	0.6		
28	17.5	16.6	15.7	14.8	13.9	13.0	12.1	11.2	10.3	9.3	8.4	7.5	6.5	5.6	4.6	3.7	2.7	1.8	0.8		
27	17.8	16.9	16.0	15.1	14.2	13.2	12.3	11.4	10.5	9.5	8.6	7.7	6.7	5.8	4.8	3.9	2.9	1.9	1.0	0	
26	18.1	17.2	16.3	15.4	14.4	13.5	12.6	11.7	10.7	9.8	8.8	7.9	6.9	6.0	5.0	4.0	3.1	2.1	1.1	0.1	
25	18.4	17.5	16.6	15.6	14.7	13.8	12.8	11.9	10.9	10.0	9.0	8.1	7.1	6.2	5.2	4.2	3.2	2.3	1.3	0.3	
24	18.7	17.8	16.9	15.9	15.0	14.0	13.1	12.1	11.2	10.2	9.2	8.3	7.3	6.3	5.4	4.4	3.4	2.4	1.4	0.4	
23	19.0	18.1	17.1	16.2	15.2	14.3	13.3	12.3	11.4	10.4	9.4	8.4	7.5	6.5	5.5	4.6	3.6	2.6	1.6	0.6	
22	19.4	18.4	17.4	16.5	15.5	14.5	13.6	12.6	11.6	10.6	9.6	8.6	7.7	6.7	5.7	4.7	3.7	2.7	1.7	0.7	
21	19.7	18.7	17.7	16.7	15.7	14.8	13.8	12.8	11.8	10.8	9.8	8.8	7.8	6.8	5.8	4.8	3.9	2.9	1.9	0.9	
20	20.0	19.0	18.0	17.0	16.0	15.0	14.0	13.0	12.0	11.0	10.0	9.0	8.0	7.0	6.0	5.0	4.0	3.0	2.0	1.0	0
19	20.3	19.3	18.3	17.3	16.3	15.2	14.2	13.2	12.2	11.2	10.2	9.2	8.2	7.2	6.1	5.1	4.1	3.1	2.1	1.1	0.1
18	20.6	19.6	18.6	17.6	16.5	15.5	14.4	13.4	12.4	11.4	10.4	9.3	8.3	7.3	6.3	5.3	4.2	3.2	2.2	1.2	0.2
17	20.9	19.9	18.9	17.8	16.8	15.7	14.7	13.6	12.6	11.5	10.5	9.5	8.5	7.4	6.4	5.4	4.4	3.4	2.3	1.3	0.3
16	21.2	20.2	19.2	18.1	17.0	15.9	14.9	13.8	12.8	11.7	10.7	9.6	8.6	7.6	6.5	5.5	4.5	3.4	2.4	1.4	0.4

酒精计示值在不同溶液温度下的体积分数换算表

溶液温度/℃	酒精计示值/%																			
	40.0	39.0	38.0	37.0	36.0	35.0	34.0	33.0	32.0	31.0	30.0	29.0	28.0	27.0	26.0	25.0	24.0	23.0	22.0	21.0
	温度20℃时用体积分数表示的酒精浓度/%																			
30	36.0	35.0	34.0	33.0	32.0	30.9	29.9	28.9	28.0	27.0	26.1	25.1	24.2	23.2	22.3	21.4	20.5	19.6	18.6	17.7
29	36.4	35.4	34.4	33.4	32.3	31.3	30.3	29.4	28.4	27.4	26.4	25.5	24.6	23.6	22.7	21.8	20.8	19.9	19.0	18.0
28	36.8	35.8	34.8	33.8	32.8	31.7	30.7	29.7	28.8	27.8	26.8	25.9	24.9	24.0	23.0	22.1	21.2	20.2	19.3	18.4
27	37.2	36.2	35.2	34.2	33.2	32.2	31.2	30.2	29.2	28.2	27.2	26.3	25.3	24.4	23.4	22.5	21.5	20.6	19.6	18.7
26	37.6	36.6	35.6	34.6	33.6	32.6	31.6	30.6	29.6	28.6	27.6	26.6	25.7	24.7	23.8	22.8	21.9	20.9	20.0	19.0
25	38.0	37.0	36.0	35.0	34.0	33.0	32.0	31.0	30.0	29.0	28.0	27.0	26.1	25.1	24.1	23.2	22.2	21.3	20.3	19.4
24	38.4	37.4	36.4	35.4	34.4	33.4	32.4	31.4	30.4	29.4	28.4	27.4	26.4	25.5	24.5	23.5	22.6	21.6	20.7	19.7
23	38.8	37.8	36.8	35.8	34.8	33.8	32.8	31.8	30.8	29.8	28.8	27.8	26.8	25.8	24.9	23.9	22.9	22.0	21.0	20.0
22	39.2	38.2	37.2	36.2	35.2	34.2	33.2	32.2	31.2	30.2	29.2	28.2	27.2	26.2	25.3	24.3	23.3	22.3	21.3	20.4
21	39.6	38.6	37.6	36.6	35.6	34.6	33.6	32.6	31.6	30.6	29.6	28.6	27.6	26.6	25.6	24.6	23.6	22.6	21.7	20.7
20	40.0	39.0	38.0	37.0	36.0	35.0	34.0	33.0	32.0	31.0	30.0	29.0	28.0	27.0	26.0	25.0	24.0	23.0	22.0	21.0
19	40.4	39.4	38.4	37.4	36.4	35.4	34.4	33.4	32.4	31.4	30.4	29.4	28.4	27.4	26.4	25.4	24.4	23.3	22.3	21.3
18	40.8	39.8	38.8	37.8	36.8	35.8	34.8	33.8	32.8	31.8	30.8	29.8	28.8	27.8	26.7	25.7	24.7	23.7	22.6	21.6
17	41.2	40.2	39.2	38.2	37.2	36.2	35.2	34.2	33.2	32.2	31.2	30.2	29.2	28.1	27.1	26.1	25.1	24.0	23.0	22.0
16	41.6	40.6	39.6	38.6	37.6	36.6	35.6	34.6	33.6	32.6	31.6	30.6	29.6	28.5	27.5	26.5	25.4	24.4	23.3	22.3

酒精计示值在不同溶液温度下的体积分数换算表

溶液温度/℃	酒精计示值/%																			
	60.0	59.0	58.0	57.0	56.0	55.0	54.0	53.0	52.0	51.0	50.0	49.0	48.0	47.0	46.0	45.0	44.0	43.0	42.0	41.0
	温度20℃时用体积分数表示的酒精浓度/%																			
30	56.4	55.4	54.4	53.4	52.3	51.3	50.3	49.3	48.2	47.2	46.2	45.2	44.2	43.1	42.1	41.1	40.1	39.0	38.0	37.0
29	56.8	55.8	54.8	53.7	52.7	51.7	50.7	49.6	48.6	47.6	46.6	45.6	44.5	43.5	42.5	41.5	40.4	39.4	38.4	37.4
28	57.2	56.1	55.1	54.1	53.1	52.1	51.0	50.0	49.0	48.0	47.0	45.9	44.9	43.9	42.9	41.9	40.8	39.8	38.8	37.8
27	57.5	56.5	55.5	54.5	53.4	52.4	51.4	50.4	49.4	48.3	47.3	46.3	45.3	44.3	43.3	42.3	41.2	40.2	39.2	38.2
26	57.9	56.9	55.8	54.8	53.8	52.8	51.8	50.8	49.7	48.7	47.7	46.7	45.7	44.7	43.7	42.7	41.6	40.6	39.6	38.6
25	58.2	57.2	56.2	55.2	54.2	53.2	52.2	51.1	50.1	49.1	48.1	47.1	46.1	45.1	44.1	43.0	42.0	41.0	40.0	39.0
24	58.6	57.6	56.6	55.6	54.5	53.5	52.5	51.5	50.5	49.5	48.5	47.5	46.4	45.4	44.4	43.4	42.4	41.4	40.4	39.4
23	58.9	57.9	56.9	55.9	54.6	53.9	52.9	51.9	50.9	49.9	48.9	47.8	46.8	45.8	44.8	43.8	42.8	41.8	40.8	39.8
22	59.3	58.3	57.3	56.3	55.3	54.3	53.3	52.2	51.2	50.2	49.2	48.2	47.2	46.2	45.2	44.2	43.2	42.2	41.2	40.2
21	59.6	58.6	57.6	56.6	55.6	54.6	53.6	52.6	51.6	50.6	49.6	48.6	47.6	46.6	45.6	44.6	43.6	42.6	41.6	40.6
20	60.0	59.0	58.0	57.0	56.0	55.0	54.0	53.0	52.0	51.0	50.0	49.0	48.0	47.0	46.0	45.0	44.0	43.0	42.0	41.0
19	60.4	59.4	58.4	57.4	56.4	55.4	54.4	53.4	52.4	51.4	50.4	49.4	48.4	47.4	46.4	45.4	44.4	43.4	42.4	41.4
18	60.7	59.7	58.7	57.7	56.7	55.7	54.7	53.7	52.7	51.7	50.7	49.8	48.8	47.8	46.8	45.8	44.8	43.8	42.8	41.8
17	61.0	60.0	59.1	58.1	57.1	56.1	55.1	54.1	53.1	52.1	51.1	50.1	49.2	48.2	47.2	46.2	45.2	44.2	43.2	42.2
16	61.4	60.4	59.4	58.4	57.4	56.4	55.5	54.5	53.5	52.5	51.5	50.5	49.5	48.6	47.6	46.6	45.6	44.6	43.6	42.6

酒精计示值在不同溶液温度下的体积分数换算表

溶液温度/℃	酒精计示值/%																			
	80.0	79.0	78.0	77.0	76.0	75.0	74.0	73.0	72.0	71.0	70.0	69.0	68.0	67.0	66.0	65.0	64.0	63.0	62.0	61.0
	温度20℃时用体积分数表示的酒精浓度/%																			
30	76.9	75.9	74.9	73.8	72.8	71.8	70.8	69.8	68.7	67.7	66.7	65.7	64.6	63.6	62.6	61.6	60.6	59.5	58.5	57.5
29	77.2	76.2	75.2	74.2	73.2	72.1	71.1	70.1	69.1	68.0	67.0	66.0	65.0	64.0	62.9	61.9	60.9	59.9	58.8	57.8
28	77.6	76.5	75.5	74.5	73.5	72.4	71.4	70.4	69.4	68.4	67.4	66.3	65.3	64.3	63.3	62.3	61.2	60.2	59.2	58.2
27	77.9	76.8	75.8	74.8	73.8	72.8	71.8	70.7	69.7	68.7	67.7	66.7	65.7	64.6	63.6	62.6	61.6	60.6	59.6	58.5
26	78.2	77.2	76.1	75.1	74.1	73.1	72.1	71.1	70.0	69.0	68.0	67.0	66.0	65.0	64.0	63.0	61.9	60.9	59.9	58.9
25	78.5	77.5	76.4	75.4	74.4	73.4	72.4	71.4	70.4	69.4	68.4	67.3	66.3	65.3	64.3	63.3	62.3	61.3	60.3	59.2
24	78.8	77.8	76.8	75.8	74.7	73.7	72.7	71.7	70.7	69.7	68.7	67.7	66.7	65.6	64.6	63.6	62.6	61.6	60.6	59.6
23	79.1	78.1	77.1	76.1	75.1	74.1	73.0	72.0	71.0	70.0	69.0	68.0	67.0	66.0	65.0	64.0	63.0	62.0	61.0	60.0
22	79.4	78.4	77.4	76.4	75.4	74.4	73.4	72.4	71.4	70.3	69.3	68.3	67.3	66.3	65.3	64.3	63.3	62.3	61.3	60.3
21	79.7	78.7	77.7	76.7	75.7	74.7	73.7	72.7	71.7	70.7	69.7	68.7	67.7	66.7	65.7	64.6	63.6	62.6	61.6	60.6
20	80.0	79.0	78.0	77.0	76.0	75.0	74.0	73.0	72.0	71.0	70.0	69.0	68.0	67.0	66.0	65.0	64.0	63.0	62.0	61.0
19	80.3	79.3	78.3	77.3	76.3	75.3	74.3	73.3	72.3	71.3	70.3	69.3	68.3	67.3	66.3	65.3	64.3	63.3	62.3	61.3
18	80.6	79.6	78.6	77.6	76.6	75.6	74.6	73.6	72.6	71.6	70.6	69.6	68.7	67.7	66.7	65.7	64.7	63.7	62.7	61.7
17	80.9	79.9	78.9	77.9	76.9	75.9	74.9	74.0	73.0	72.0	71.0	70.0	69.0	68.0	67.0	66.0	65.0	64.0	63.0	62.0
16	81.2	80.2	79.2	78.2	77.2	76.2	75.3	74.3	73.3	72.3	71.3	70.3	69.3	68.3	67.3	66.3	65.4	64.4	63.4	62.4

酒精计示值在不同溶液温度下的体积分数换算表

溶液温度/℃	酒精计示值/%																			
	100	99.0	98.0	97.0	96.0	95.0	94.0	93.0	92.0	91.0	90.0	89.0	88.0	87.0	86.0	85.0	84.0	83.0	82.0	81.0
	温度20℃时用体积分数表示的酒精浓度/%																			
30	98.3	97.1	96.0	94.8	93.8	92.7	91.6	90.5	89.4	88.4	87.3	86.3	85.2	84.2	83.1	82.1	81.0	80.0	79.0	78.0
29	98.4	97.3	96.2	95.1	94.0	92.9	91.8	90.8	89.7	88.6	87.6	86.5	85.5	84.4	83.4	82.4	81.3	80.3	79.3	78.3
28	98.6	97.5	96.4	95.3	94.2	93.1	92.1	91.0	90.0	88.9	87.9	86.8	85.8	84.7	83.7	82.7	81.6	80.6	79.6	78.6
27	98.8	97.7	96.6	95.5	94.5	93.4	92.3	91.3	90.2	89.2	88.1	87.1	86.1	85.0	84.0	83.0	81.9	80.9	79.9	78.9
26	99.0	97.9	96.8	95.8	94.7	93.6	92.6	91.5	90.5	89.4	88.4	87.4	86.3	85.3	84.3	83.3	82.2	81.2	80.2	79.2
25	99.2	98.1	97.0	96.0	94.9	93.9	92.8	91.8	90.7	89.7	88.7	87.7	86.6	85.6	84.6	83.6	82.5	81.5	80.5	79.5
24	99.3	98.3	97.2	96.2	95.1	94.1	93.1	92.0	91.0	90.0	89.0	87.9	86.9	85.9	84.9	83.8	82.8	81.8	80.8	79.8
23	99.5	98.5	97.4	96.4	95.4	94.3	93.3	92.3	91.3	90.2	89.2	88.2	87.2	86.2	85.1	84.1	83.1	82.1	81.1	80.1
22	99.7	98.6	97.6	96.6	95.6	94.6	93.5	92.5	91.5	90.5	89.5	88.5	87.4	86.4	85.4	84.4	83.4	82.4	81.4	80.4
21	99.8	98.8	97.8	96.8	95.8	94.8	93.8	92.8	91.8	90.7	89.7	88.7	87.7	86.7	85.7	84.7	83.7	82.7	81.7	80.7
20	100	99.0	98.0	97.0	96.0	95.0	94.0	93.0	92.0	91.0	90.0	89.0	88.0	87.0	86.0	85.0	84.0	83.0	82.0	81.0
19		99.2	98.2	97.2	96.2	95.2	94.2	93.2	92.2	91.2	90.3	89.3	88.3	87.3	86.3	85.3	84.3	83.3	82.3	81.3
18		99.3	98.4	97.4	96.4	95.4	94.4	93.5	92.5	91.5	90.5	89.5	88.5	87.5	86.5	85.6	84.6	83.6	82.6	81.6
17		99.5	98.6	97.6	96.6	95.6	94.7	93.7	92.7	91.7	90.8	89.8	88.8	87.8	86.8	85.8	84.8	83.9	82.9	81.9
16		99.7	98.8	97.8	96.8	95.9	94.9	93.9	93.0	92.0	91.0	90.0	89.0	88.1	87.1	86.1	85.1	84.2	83.2	82.2

参 考 文 献

[1] 周立清，邓淑华，陈兰英．化工原理实验［M］．广州：华南理工大学出版社，2015.
[2] 杨祖荣．化工原理实验［M］．北京：化学工业出版社，2003.
[3] 刘天成，王红斌，杨志，等．化工原理实验［M］．北京：科学出版社，2014.
[4] 姚克俭，姬登祥，俞晓梅．化工原理实验立体教材［M］．杭州：浙江大学出版社，2009.
[5] 张金利，郭翠梨．化工原理实验［M］．第2版．天津：天津大学出版社，2016.